EC Site
JN126784
10万PV を生む ECサイト の SEO
井幡 貴司
SEO
技術評論社

まえがき

ECサイトを使ったオンラインビジネスを始める企業が急激に増えています。技術革新によって多くのECサイトのプラットフォームが生まれており、いまや個人であっても、30分もあれば予算をかけずに見た目も立派なECサイトを作ることができます。つまり、誰しもがECサイトを持てる時代となったのです。

しかし、**ECサイトを作るのはカンタンでも、ECサイトの集客はたいへん**です。多くの人はモノを購入するときに、中小規模ECサイトからではなく、Amazon、楽天市場、ZOZOTOWNなどの大手ショッピングモールで用を足している現実があります。あなたはネットショッピングするときに、小さなECサイトで買い物をしたことがあるでしょうか？　小さなECサイトでは数えるほどしか買い物をした経験がない人も多いと思います。

では、小さなECサイトでユーザーがはじめて買い物をするのはどのようなときなのでしょうか。それは、**ECサイトを訪問したユーザーが「間違いない！　自分が買うべき商品はこれだ！」という確信が持てたときではないか、と筆者は考えます。**

いまから15年ほど前のことですが、筆者はレノボ製のPCに増設するメモリーをネットで探していました。レノボの純正のメモリーは高いので、純正以外のメモリーを物色していたのです。大手量販店のECサイトも見ましたが、自分のPCに対応するかどうか、このメモリーを買えば本当にPCの動きが速くなるのか、不安をぬぐえませんでした。

いろんなキーワードを入力してGoogle検索をしてみます。すると、あるブログに出会いました。そのブログ記事では筆者と同じPCにメモリーを増設した体験談と、メモリーの効果が詳細に書かれており、それを見た瞬間に筆者は、「自分のPCに増設すべきメモリーは、このメモリーだ！」という確信を得ることができました。

そのままブログで紹介されているリンクをクリックしたところ、聞いたこともないPCショップのECサイトが表示されましたが、まったく不安なく購入ボタンを押しました。後日、そのブログ記事を見ながらメモリーを増設し、PCの性能もブログに書いてあったとおりにアップしました。

このとき、筆者が大手のECサイトではなく小さなECサイトで買い物をした理由は以下のとおりです。

- **自分が使っているのと同じPCに対する不満が書かれていて共感した**
- **自分のPCにそのメモリーが対応しているとはっきり書かれていた**
- **メモリーを増設する様子が詳細に説明されていた**
- **メモリー増設後、PCの性能が高まったことが書かれていた**

ここまでの情報が書かれていたのは、当時はそのブログ記事だけだったのです。15年も前のこととはいえ、この体験談は小さなECサイトに応用できます。ECサイトの集客を行うなら、ユーザーはどのような人で、どのような不安を抱えているのか徹底的に考えて、ユーザーが求めていることをECサイトの商品ページやブログ記事で紹介するのです。そのような情報があれば、ユーザーは検索エンジンを使ってECサイトに訪問してくれるようになります。ユーザーは自分の不安をぬぐうためにあらゆるキーワードを入力して検索します。あなたの会社のECサイトに不安の解決策が書かれていれば、広告を打たずとも、ユーザーのほうからあなたの会社のECサイトに訪れるようになります。

本書では、ユーザー本位のコンテンツ作成方法をベースにしたSEO施策を解説します。被リンクやキーワードの設置など怪しげなテクニックを使わずとも、SEOで成果を挙げるための方法はシンプルです。ただ単に、**ユーザーのことを考えて、ユーザーが喜ぶ情報を集めて、ユーザーにとってわかりやすい形でECサイトやブログに掲載すればよい**のです。

もう1つ例を挙げると、筆者は趣味でシュノーケリングのブログを書いています。自ら海に潜って体験した出来事を写真つきで丁寧に解説したところ、わずか30記事程度で夏には月間15万PVのアクセス数を集めるようになりました。そのブログには、海や魚の写真だけでなく、駐車場情報、売店情報、危険生物情報から、子供にふさわしい場所かどうか、土日の道路交通事情はどうかまで、はじめて訪れるユーザーが事前にほしがる情報をとにかく集めて掲載しました。その結果、特別なSEO対策などしなくても日本中のシュノーケラーが必ず一度は目にするような、その道の有名ブログになりました。

このような集客方法をあなたの会社のECサイトで再現することは決して難しいことではありません。**ユーザーのことを考え抜く熱量があれば、必ずあなたもECサイトの集客を実践することができます。**

本書はECサイト集客の専門書ですが、本書のノウハウに取り組んでもらえれば集客だけでなく購入率も高まり、月商1,000万円を超えることも夢ではなくなります。長年Web集客をなりわいにしてきた筆者が体得したノウハウを注ぎ込みました。ぜひ、あなたのECサイトにこのノウハウを活かしてください。

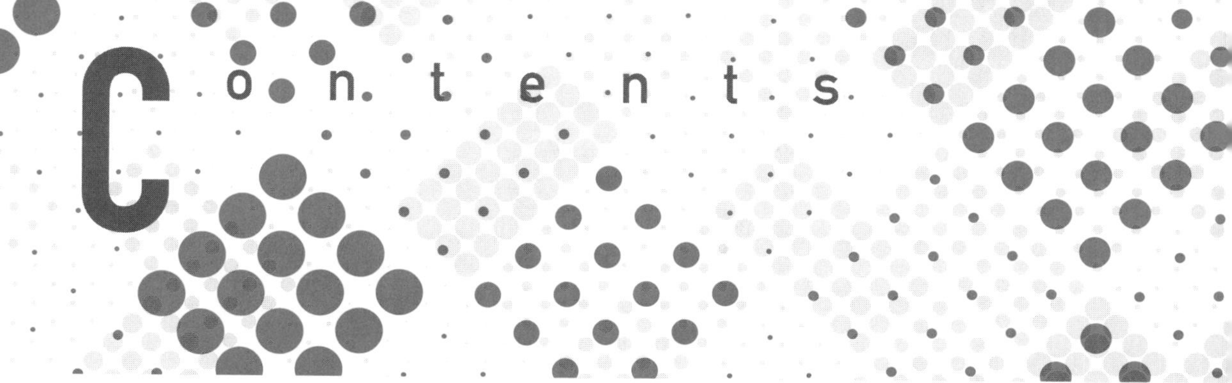

Chapter 1 ECサイト運営にSEO対策が欠かせない理由

Chapter 2 いまECサイトに導入する3つのSEO戦略

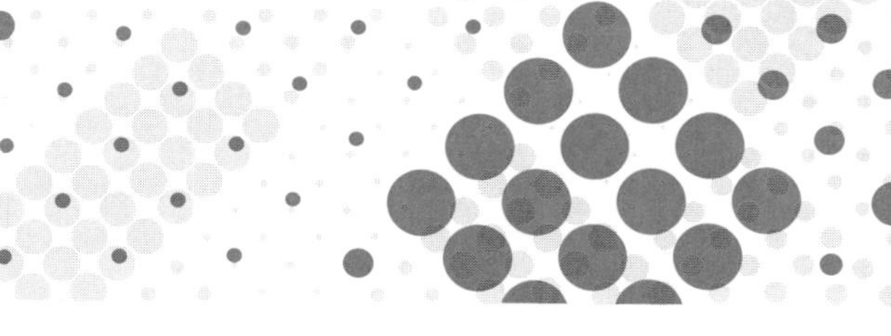

Chapter 3 商品ページを充実させてSEOを強化する

Chapter 4 ブログ施策を実施するための準備

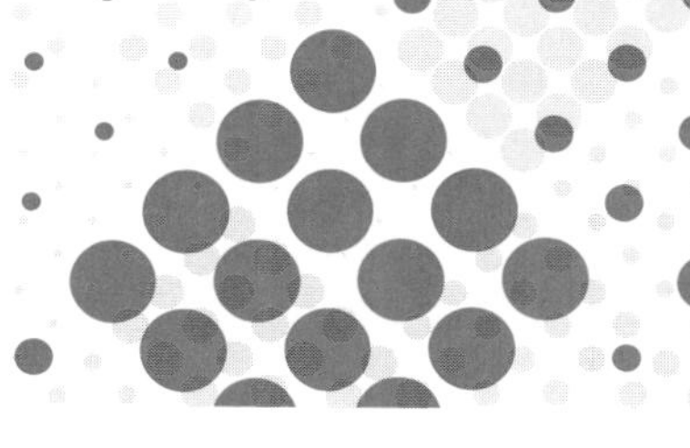

Chapter 5 書く前にこれだけは押さえるブログ記事の特徴

Chapter 6 ECサイトのためのブログ記事の書き方

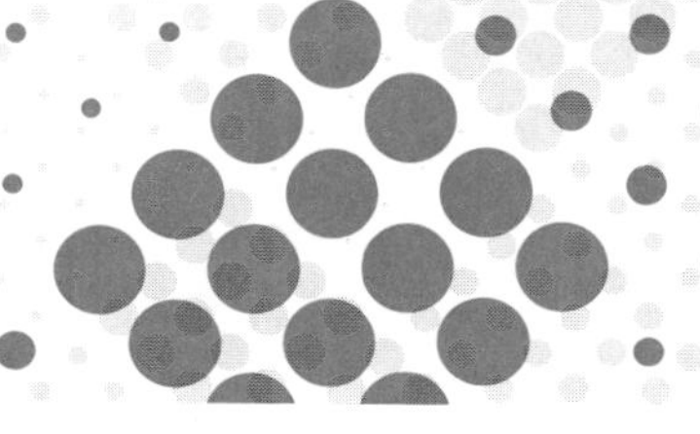

Contents

Chapter 7 ブログ記事で成果を出すための工夫

Chapter 8 集客の実現からECサイトの売上につなげる

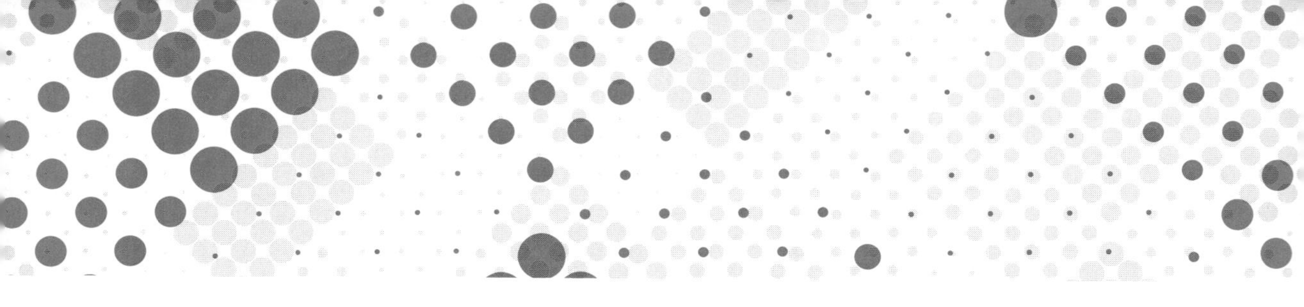

Chapter 1

ECサイト運営に SEO対策が欠かせない理由

Chap. 1

ECサイト運営にSEO対策が欠かせない理由

ECサイトを作ることは難しくありません。ECサイトで最も困難になるのは集客です。EC事業者の多くは物販を行っており、商品単価が高くないため広告を積極的に利用できるビジネスモデルではありません。
そのため、EC事業者は広告費を使わずに集客ができるSEO戦略をとるべきなのです。もっとも、SEOにおいて効果がほとんどない手法や間違った手法が依然としてEC事業者の間で行われています。
この章では、SEOで結果を出すための基本的な考え方を説明します。

1-1 ECサイトの平均単価は3,000円程度。広告を使うと利益が出ない

あなたの会社のECサイトを幅広いユーザーに知ってもらうためにECサイトへの集客を行う場合、はじめに思いつくのがインターネット広告ではないでしょうか。インターネット広告は、代表的なものだけでも以下のような広告があります。

[インターネット広告の代表例]

- Google広告 ➡ 検索広告、ディスプレイ広告、ショッピング広告
- Yahoo!広告 ➡ 検索広告、ディスプレイ広告
- アフィリエイト広告 ➡ A8.net、afb、バリューコマースなど
- SNS広告 ➡ Facebook広告、Twitter広告、Instagram広告
- 純広告 ➡ Webメディアへの出稿など

EC事業者がこれらの広告を検討したとしても、費用対効果が悪いことに気づかされます。なぜなら**ECサイトで購入されている平均単価は3,000円程度であり、広告費を投じると利益がほとんど残らない**からです（**図1-1**）。

お手元のスマホで、たとえば「スマホケース」などの比較的安価な商品をGoogleで検索してみてください。検索結果上部の広告欄に広告がほとんど出てこない、あるいは広告を出稿しているのはAmazonなどの大手企業ばかりではないでしょうか。

図1-1　ネットショッピング1回あたりの平均購入金額

出典：ECのミカタ「約9割がECを利用！平均購入金額は「2,000円～ 3,000円未満」【GMOリサーチ調べ】」
https://ecnomikata.com/ecnews/13449/

原価率が70 ～ 90%の場合、1つの商品の粗利をすべて広告予算に投入したとしても、**1商品あたりに使える広告予算は300 ～ 1,000円程度**です。

広告単価の相場は、Google広告なら1クリックあたり安くても10 ～ 30円程度はかかります。インターネット広告で効果が高いといわれるGoogleショッピング広告やリスティング広告ではCVR※は1%程度が目安であり、商品が1つ売れるには100回以上のクリックが必要です。

そうなると1商品に1,000 ～ 3,000円くらいの広告費用がかかります。つまり、よほど利益率が高い商品や高価格帯の商品でなければ、インターネット広告を使うとECサイトの収支は赤字になるケースがほとんどなのです。

次のページのシミュレーションを見てください。

※CVRはConversion Rate（コンバージョンレート）の略で、一定期間内のCV（コンバージョン）件数をアクセス数で割った数字のことです。1%ならCVするために100アクセスが必要という計算になります。

[3,000円の商品にGoogle広告を使った場合の利益シミュレーション]

- 商品単価 ➡ 3,000円
- 商品仕入れ額 ➡ 2,000円
- 粗利 ➡ 1,000円（3,000円－2,000円）
- Google広告 ➡ 1クリックあたり10円
- CVR 1% ➡ 100クリックが必要
- 広告費 ➡ 1,000円
- **利益 ➡ 0円**

年商1億円未満の中小規模のECサイトでは、ほとんど広告予算を投じることができないため、インターネット広告を使って集客を行うのは現実的とはいえません。**単価の低い商品にも広告予算を投じることができるのは、資本力や広告運営のノウハウがある大手企業に限られる**のです。

図1-2を見てください。「USB扇風機」の検索結果にGoogle広告を出稿している企業は、Amazonや誰でも知っているような大手企業に限られます。

図1-2 「USB扇風機」と検索したときに表示されたGoogle広告

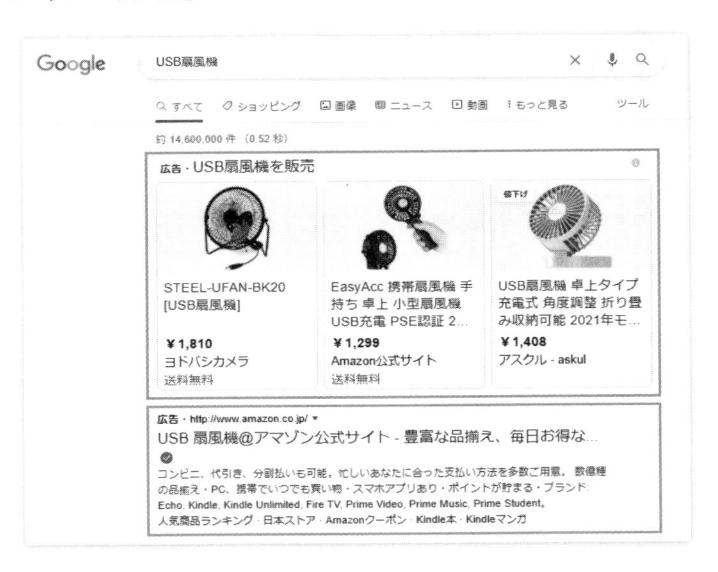

中小規模のEC事業者がインターネット広告で集客を行うのは費用対効果が得られないことがおわかりいただけたと思います。

1-2 SEOを実施すれば広告費をかけずに集客できる

では、どのようにしてECサイトへの集客を実現すればよいのでしょうか。中小規模のEC事業者は、インターネット広告を使わない形で集客しなければ費用対効果が得られません。その有力な手法の1つとしてSEOがあります。

SEOは多大な労力がかかりますが、予算をかけずにWeb上での露出を高めることができる手段です。SEOで成功できれば、費用をかけずに、あなたの会社の商品を多くのユーザーに伝えることが可能になります。

SEOとは

SEOは、Search Engine Optimization（サーチ・エンジン・オプティマイゼーション）の略称で、検索エンジンの最適化という意味です。あなたの会社が所有するサイトやブログをGoogleなどの検索エンジンに検索されやすくするための技術や手法のことで、頭文字をとってSEO（エスイーオー）と呼びます。

一言でいえば、SEOは狙っているキーワードで、検索エンジンでの上位表示を実現させることです。

勘違いされることがあるのですが、**SEOは広告ではありません。**検索結果に表示されやすくする手法で、対価を払う広告ではありません。そのため自分たちで正しいSEO対策を実施すれば予算を使わずにアクセス数を恒久的に増やすこともできるのです。

筆者の検索順位1位の事例紹介

たとえば「DtoC」と検索してみてください。DtoCとはDirect to Consumerの略で、ECサイトのビジネスモデルの1つです。新しい言葉なので知らない人もおり、検索されやすい言葉といえます。

このキーワードでGoogle検索してみると、筆者が書いたブログ記事が一番上に表示される※はずです（**図1-3**）。これは、ただ好きなことを書いたブログ記事ではなく、**検索順位1位になることを目標にしてSEO対策がされている**のです。

日本全国で「DtoC」と検索する人が、筆者が書いた記事で集客されています。費用は1円もかかっておらず、記事執筆とアップロードにかかった2～3日の労力だけで毎日、日本中のEC事業関係者がアクセスしてくれるのです。

※本書執筆時点での検索順位となります。

図1-3　Googleの検索結果に検索順位1位で表示

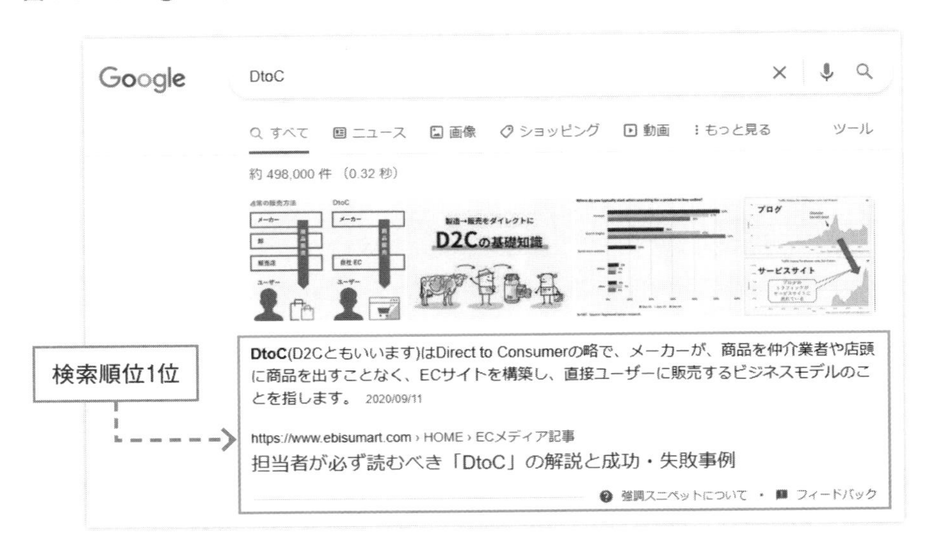

SEOに成功すればアクセス数を集める手間も、その後はほとんどかかりません。SEOは成果を出せれば、ECサイトの集客にとって費用対効果が非常によい手法となります。

1-3 SEOに成功すれば月間10万人以上がECサイトを訪れる

商品と関連性が高く、多くの人が検索するキーワード群で検索結果上位になることができれば、予算をかけないでも**月間10万人以上があなたの会社のECサイトに訪れる状況を作り出すことも可能**です。**図1-4**は、筆者のクライアント企業のECサイトの月間アクセス数ですが、ECサイト内にブログを立ち上げて月間10万PV以上のアクセスを獲得し続けています。

ECサイトに毎月数万人が訪れる状況を作り出すことができれば、あなたの会社のECサイトの露出は日本中のユーザーに対して高まり、商品の売上を伸ばすことは難しくありません。また、広告費用をかけていないので利益率も高くなります。

図1-4　月間アクセス数が10万PVを超えている事例

ページ	ページビュー数	ページ別訪問数	平均ページ滞在時間
	118,035 全体に対する割合: 100.00% (118,035)	104,136 全体に対する割合: 100.00% (104,136)	00:04:51 ビューの平均: 00:04:51 (0.00%)
1.	**24,655** (20.89%)	21,612 (20.75%)	00:04:54
2.	**10,712** (9.08%)	9,855 (9.46%)	00:04:21
3.	**9,091** (7.70%)	8,307 (7.98%)	00:05:09
4.	**8,469** (7.17%)	7,070 (6.79%)	00:05:39
5.	**6,162** (5.22%)	5,039 (4.84%)	00:05:18
6.	**3,874** (3.28%)	3,646 (3.50%)	00:06:15
7.	**3,837** (3.25%)	3,271 (3.14%)	00:05:52
8.	**3,142** (2.66%)	2,772 (2.66%)	00:04:50
9.	**2,927** (2.48%)	2,404 (2.31%)	00:04:25
10.	**2,780** (2.36%)	2,274 (2.18%)	00:05:55

しかし、SEOはメリットばかりではありません。SEOは効果が出るまでに非常に時間がかかるというデメリットがあります。

1-4 SEOは中長期的施策。効果が出るのは半年先

SEO対策を実施して、効果が出てくるにはどれくらいの期間が必要となるでしょうか。これは、どんな企業であっても予算があればすぐに効果を発揮する広告のように即効性を期待するべきではありません。

ゼロからSEOを実施する場合、**その効果が出るのを実感するまでに半年以上かかることが多い**のです。

20ページの**図1-5**を見てください。これは筆者がゼロから立ち上げたブログで、とあるキーワードでの検索順位の推移を表したグラフです。**SEOを専門にする筆者がSEO対策を実施しても、成果を出すまでに半年以上かかっている**ことがわかります。SEOはインターネット広告と違い、短期的に成果が出るものではなく、中長期的施策となります。

図1-5　SEOの効果が出るまでの検索順位推移

SEO対策を実施するときは、半年先を見据えて施策を実行していく覚悟が必要となります。中長期的施策だからといって敬遠していると、SEOに着手して成功したライバル企業との差は開く一方となります。SEOでもSNSでも、中長期的施策での成功は企業の売上に大きな差をつける要素となります。なぜなら予算を出して効果をすぐに得られる短期的施策は差がつきにくいからです。

高い目標を掲げて、上司や部内にSEOを成功させることを宣言する

SEOは施策の方向性が間違っていなければ成功確率は低くはありません。地道に続けていけば必ず成果が出ます。反面、すぐには成果が出ないため施策を続けることに挫折するEC担当者が非常に多いのです。そうならないためには、SEOで集客することを決意したのなら上司や部内に次のような目標を宣言するべきです。

「絶対にSEOで月間10万PVを実現する！」
「集客を年度末までには3倍にする！」

自分自身に対してだけでなく、上司や部内に対しても高い目標を掲げて行動することが必要となります。自分への後押しとなり、SEOを継続しやすくなります。筆者も、はじめてSEOのためのブログ記事を書き始めたときは、毎週新しい記事をアップするのに四

苦八苦しましたが、仕事の目標設定の1つにしたことで半年後には大きな成果を得ることができました。SEOを成功させるには自分を追い込む姿勢も必要なのです。

 SEOに乗り出す前に正しいノウハウを知る

ただし、どんなに覚悟や熱意があっても間違ったSEOに労力を注いでは無駄足になります。施策を実施する前にSEOで成果を出している人のやり方を模倣したり、本書に繰り返し目を通してもらうことでSEOの正しい方向性を理解してください。

SEO対策には**「ブラックハットSEO」と呼ばれる、Googleの検索アルゴリズムをハッキングするような手法もあります**が、Googleの検索アルゴリズムが進化するにつれて、それらの手法はまったく効果が出なくなってきています。SEOの正しい知識がないばかりにブラックハットSEOに手を出してしまったり、あるいはそれらの手法を得意とするSEO業者やコンサルタントに依頼してしまうと、効果が出ないどころかGoogleからペナルティを受ける可能性もあり、EC事業を行ううえで大きなハンデとなります。そんなことにならないためにも、SEOの正しい方向性や施策を事前に理解しておく必要があるのです。

1-5 Googleをハッキングするような手法は通用しない

GoogleをハッキングするようなSEOとはどのような手法のことでしょうか。代表的なものとしては以下のようなものがあります。

- ほかのサイトやブログから意図的にリンクを大量にもらう
- すでにリンクが貼られている中古ドメインを購入する
- 対策キーワードをサイト内に不自然にいくつも散りばめる
- 隠しテキストや隠しリンクをサイト内に設置する

かつてはこのような手法でも効果があったため、作為的にGoogleの評価を高めて検索順位を操作することが流行したのです。

しかし、このような手法は2011年ごろから通用しなくなりました。Googleが大がかりな検索エンジンのアップデートに着手したからです。有名どころでは「パンダアップデート」と「ペンギンアップデート」があります（**図1-6**）。

これらのアップデート以降、ブラックハットSEOは効力を失い、Googleをハッキングするような手法は検索順位向上をもたらさなくなったのです。

図1-6　パンダアップデートとペンギンアップデート

パンダアップデート
2011年に英語圏を中心に導入され、2012年7月から日本にも導入された、**主に低品質なコンテンツが検索結果上位に表示されにくくするため**のGoogleの検索アルゴリズムの改善のこと。

ペンギンアップデート
被リンク対策などのスパム行為を行うサイトの検索順位を下げて検索結果の品質向上を図ることを目的として2012年4月に実用化されたGoogleの検索アルゴリズムの改善のこと。

1-6 SEO業者が行う「被リンク施策」は効果がない

「被リンク施策」は、「バックリンク施策」とも呼ばれます。主にSEO業者が得意としているブラックハットSEOの代表的手法です。具体的には、自分たちが所有するサイトやブログから顧客のサイトにリンクを大量に貼って、意図したキーワードで検索順位を上げる手法のことです（**図1-7**）。しかも、SEO業者が用意するサイトやブログは、人間がそれを読んでも意味がわからないような中身がスカスカのコンテンツで、Google対策のためだけのサイトやブログであることがほとんどです。

図1-7　ブラックハットSEOの被リンク施策

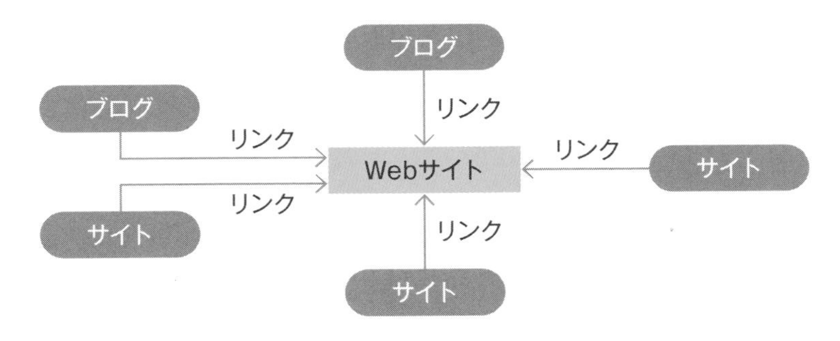

いまも「被リンクがあれば検索順位が上がりやすい」と考えている人は一定数います。なぜなら、2011年より以前は被リンク施策がスタンダードなSEO手法で、短期間で確実に効果を出せるやり方だったからです。そして、実は**いまでも被リンクによるSEOの効果は非常に高い**のです。

ただし、**効果があるのは作為的な被リンクではなく、ナチュラルリンクによる場合に限定されます。**ナチュラルリンクとは、検索順位を上げる目的のために貼られるリンクではなく、自然に集まるリンクのことです。ナチュラルリンクを理解するためには、GoogleのPageRank（ページランク）という考え方について知る必要があります。

PageRankとは

Googleの検索エンジンが世界中に普及した背景には、その独自の検索アルゴリズムがあります。最も代表的なものがWebページの重要度を決定するためのアルゴリズムで、PageRankとして知られています。

Googleがヒントにしたのが学術論文です。学術論文を評価しようとすると、どうしても評価する人の主観が入ってしまいます。いくら権威のある学者が学術論文を評価しても、完全に自分の主観を取り除くことはできません。そこで、学術論文を評価する仕組みとして、どのくらいその論文がほかの論文に引用されているのかという「引用の数」を論文の評価軸として用いるようになりました。引用されることが多い論文は多くの学者が注目しているもので重要度が高いというわけです。

Googleの検索エンジンは、**この仕組みをPageRankとして取り入れ、「多くのサイトからリンクを得られているということは、それだけ価値のあるサイトである」としてサイトの重要度を測る指標として確立しました。**

被リンクをほかの多くのサイトから貼られたり、あるいはYahoo!ニュースのような有力メディアからリンクを得られることは検索順位に大きく寄与します。SEOに携わる多くの人は、いまも被リンクの本数、そして被リンクの質（どんなサイトから被リンクを受けているか）を重要視しているのです。

1-7 そもそも SEOのパワーが強いとは何か？

SEOで成果を出しているサイトは「SEOに強い」という言い方をしますが、そもそもSEOのパワーの実態とは何でしょうか。

シンプルにいうと、**Googleからサイトがどれくらい強く認識されているか**、というふうに考えることができます。**Googleに強く認識されているサイトというのは、それだけSEOで有利になる**のです。では、どうしたらGoogleにサイトが強く認識されるのでしょうか。

その大きな役割を担っているのが**Googleのクローラー**です。Googleは世界中のWebサイトを調査するためにクローラーというプログラムを走らせており、どんなサイトでもクロールしてサイトの情報を集めます。そして、クロールしたサイトの情報を

Googleはデータベースにインデックス（登録）し、インデックスされたものをランキング付けすることでSEOの順位付けを行っているのです。

ただし、世界には数えきれないほどのサイトがあるため、Googleはそれらすべてのサイトの情報をクロールするわけではありません。Googleから評価されていないサイトはクローラーが訪れる頻度が少なく、またサイトを訪れたとしてもサイトのすべての情報をクロールしてくれるわけではないのです。

Googleにあなたのサイトの認識を強めてもらうには、クローラーを多く呼び込む必要があります。Googleが評価しているサイトには自然とクローラーが数多く訪れるようになります。SEOのパワーの実態というのは、**「Googleのクローラーがどれくらいの頻度でサイトにきているのか」**といえる部分があるのです。

Googleのクローラーは、リンクをたどってやってきます。Googleのアルゴリズムはブラックボックスで、かつ日々進化を繰り返しているため絶対とは言い切れませんが、数多くのサイトからリンクが貼られたり、すでに被リンクを多数受けているような有力サイトからリンクを貼られることで、クローラーが数多くやってくるようになり、結果としてGoogleの認識が強くなります。

SEO業者はこの点を利用します。業者が所有するサーバーにサイトやブログを作り、そこから目的のサイトにリンクを貼ることでクローラーの来訪を促し、検索順位を操作しているのです。

しかし、検索アルゴリズムの進化によって大量のビッグデータから作為的な被リンクとナチュラルリンクをほぼ完全に見分けられるようになったため、SEO業者による被リンク施策は通用しなくなりました。もしSEO業者が「ウチのリンクはGoogleに通用する」と強弁したとしても、世界中の天才エンジニアが集まり、膨大な予算をかけて日々進化を続けているGoogleのアルゴリズムと、そのSEO業者の被リンクのどちらがすぐれているのか火を見るより明らかです。SEO業者の詭弁は1ミリも信用してはいけません。

1-8 テクニカルSEOだけでは効果が薄い理由

SEO対策には、いろんなやり方があり、Googleが検索順位付けのアルゴリズムを非公開にしているため、絶対的に正しい手法は存在しません。その中の1つに「テクニカルSEO」という手法があります。この手法は不正ではなく、HTMLの構文を正確にしたり、クローラーがサイトの情報を読み込みやすくすることでGoogleの評価を（ライバルサイトに対して）相対的に高めます。

テクニカルSEOだけでサイト全体のSEOの状況を抜群によくすることはできませんが、サイトにSEOの土台を作るために必要な作業となります。

[代表的なテクニカルSEOの手法]

- ●画像のalt属性にテキストを入れる
- ●ページの読み込みを高速化する
- ●パンくずリストを設置する
- ●内部リンクを最適化する
- ●meta descriptionなどのメタタグを最適化する
- ●見出しタグを適切に使う

これらのSEO対策はSEOの基本であり、EC担当者であればすぐに実行すべきです。とはいえ、**これらの対策だけを一生懸命やってもEC事業者には効果が薄いといわざるを得ません。** なぜなら、これらの施策はすぐに着手できるためライバル企業も実施していますし、またGoogleのアルゴリズムが進化しているため、多少HTMLの構文が間違っていたり構文自体が抜けていても、Googleのクローラーはサイトのコンテンツの意味を人間と同じように理解できるようになりつつあるからです。驚くべきことにテキスト情報がなく絵や写真だけで作られているページでさえ、その意味をGoogleが理解していることもあります。このようにテクニカルSEOの有効性は小さくなってきているのです。

テクニカルSEOが最も力を発揮するのは、大手EC事業者です。大手EC事業者のECサイトはGoogleから強く認識されています。大手同士がSEOのランキングで評価を争うときは、テクニカルSEOが勝敗を分ける場合が多々あります。大手EC事業者のサイトのページ数は数千ページから数万ページにのぼる場合が多く、わずかなテクニカルSEOの改善がサイト全体に影響するので大きな差を生むことがあるのです。

中小規模のEC事業者のサイトと大手ECサイトではGoogleの認知度やサイト評価で大きく差が開いているため、テクニカルSEOだけに注力しても勝負になりません。**中小のEC事業者がSEOで戦うには、コンテンツ（商品ページやブログ記事、あるいは口コミやレビュー）そのものの価値を高めて、ユーザーが満足するコンテンツを提供する努力をしなくてはなりません。** Googleはコンテンツの価値が高いものであったり、ほかには存在しない独自のコンテンツである場合は高く評価する傾向があります。

1-9 ユーザーと向き合えるコンテンツが検索結果上位になる

検索結果上位になるコンテンツとはどのようなコンテンツでしょうか。それは検索エンジンを利用するユーザーにとって満足度の高いコンテンツです。多くの人が、悩み、疑問、不安、好奇心を問いかけ、またわからないことを知るために検索エンジンを使っています。Googleが検索エンジンで上位表示するのは、ユーザーが最も満足するコンテンツ、つまりユーザーにとって価値が高いコンテンツです。

ユーザーにとって価値の高いコンテンツを作ることを意識すれば、おのずとGoogleからも評価されるようになります。ですから、これからSEOに取り組む人はGoogleを意識する必要はあまりありません。**検索するユーザーにとって価値の高いコンテンツを作ることに集中する**だけでよいのです。つまり、Googleと同じ方向に向かってコンテンツを作ればよいということです（**図1-8**）。

図1-8　SEOの正しい考え方

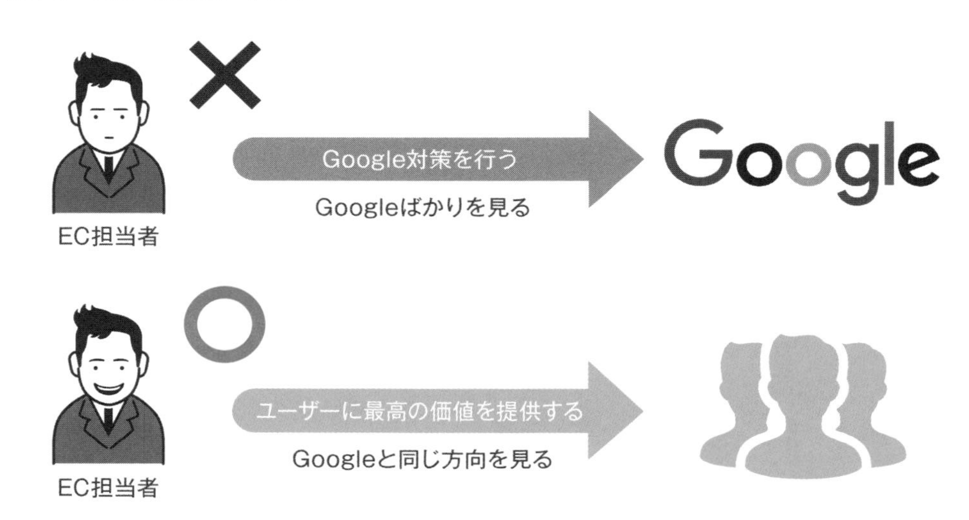

SEO対策というと、ただの検索エンジン対策と誤解しがちです。しかし、そのような考え方でSEO対策を行うと、仮に上位表示されてもSEOばかりを意識して売上に寄与しないコンテンツを作り込むというワナに陥ってしまうことがあります。ECサイトの売上に寄与しないのではSEO対策を行う意味がありません。

1-10 EC担当者が常に意識するべき「E-A-T」

Googleは、検索エンジンを使うユーザーに最高のユーザー体験を提供するために日々検索エンジンのアルゴリズムを更新しています。EC事業者がSEOで集客する場合はユーザーにとって満足度の高いコンテンツを作ることが必須となりますが、もう1つ重要なことがあります。

それは、**サイトの「E-A-T」**です。**EC事業者にとってこの点は非常に重要になります。**E-A-Tとは以下の3つの言葉の頭文字をとった略語です。

- Expertise（専門性）
- Authoritativeness（権威性）
- Trustworthiness（信頼性）

Expertise（専門性）

ここでいう専門性とは、サイトが分野を絞って、その分野において専門的な情報を提供しているか、ということを指します。たとえば、仮想通貨の記事もあれば料理の記事もあるような雑記的なブログと、仮想通貨だけを深掘りして書いている特定分野のブログであれば、後者のほうが高い評価を得やすくなります。1つのジャンルに絞ったほうがGoogleから専門性を評価されやすくなる傾向があるということです。

Authoritativeness（権威性）

そのサイトに権威があるかどうかを示すものです。たとえば、個人の趣味で書いている家電製品のブログよりも、家電製品のレビュアーとして有名な人の家電製品ブログや、大手家電メーカーや販売店のサイトのほうが権威性は高くなります。情報発信者や企業・団体の認知度が権威性となるのです。

平たくいえば「どれだけ有名か？」と言い換えられるでしょう。Googleがこれらの権威性をどう判断しているのか明らかではありませんが、被リンクやサイテーションから判断されているといわれています。**サイテーションはWeb上での言及・引用**のことです。たとえばSNSで会社名やサービス名が発言されていたり、ニュースサイトやブログで会社名やサービス名が言及されることを指します。サイテーションの数が大きいほど権威性が高まるわけです。

Trustworthiness（信頼性）

サイトの信頼に関わる項目のことです。たとえば、ECサイトのデザインが、素人の個人が作ったと見まごうような貧相なデザインであったり、運営会社や企業情報がはっきりしていなかったらユーザーは購入をためらうのが普通でしょう。また、いまどきSSL対応していないようなサイトも当然敬遠されます。

SSLは、Secure Sockets Layerのことで、インターネット上でデータを暗号化して送受信する仕組みのことです。SSLを使ったサイトは「http://……」で始まるアドレスではなく、「https://……」で始まるアドレスになります。信頼性に関わるだけでなく、GoogleのブラウザChromeでSSL非対応のサイトが表示されなくなる可能性もあります。現在ではSSL非対応のサイトは、28ページの**図1-9**のように表示されます。

図1-9　SSL非対応のサイトはChromeでは「保護されていない通信」と表示される

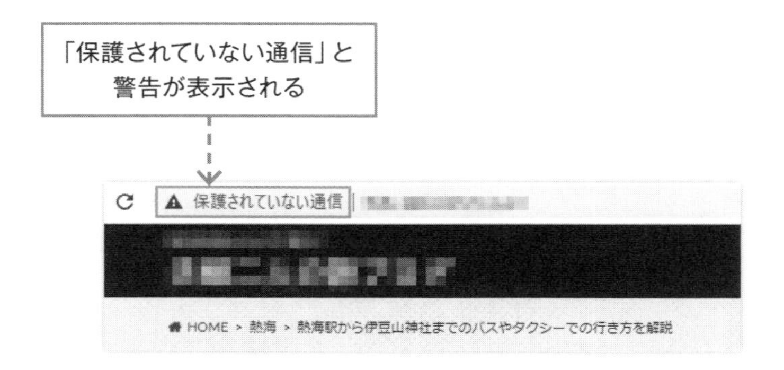

SSL非対応はセキュリティが脆弱といわざるを得ない面があり、万一あなたの会社のECサイトが非対応のままなら至急対策しなければいけません。

1-11 EC事業者は「YMYL」の対象

SEOを実施する前に覚えておくべきことがもう1つあります。それが「YMYL」です。これは「Your Money or Your Life」の略称で、お金や生活に関わるジャンルという意味です。**Googleは、YMYLのジャンルは人々の生活への影響が非常に大きいため特に慎重にランキング付けをします。**YMYLのジャンルには**図1-10**のようなものがあります。

図1-10　YMYLのジャンル

ジャンル	例
ニュース	国際問題や政治など重要な問題を扱うサイト
公共サービス・法律など	一般的な市民生活を維持するために必要な情報を扱うサイト
金融	投資や保険などを扱うサイト
買い物	オンライン上で商品購入などを行うECサイト
健康・安全	医療、病院関連、緊急時に使用するサイト
コミュニティ	人種、宗教、性別などについて扱うサイト
その他	フィットネス、栄養のほか、大学、就職など人生の局面に関連するサイト

出典：Page Quality Rating Guideline Your Money or Your Life (YMYL) Pages
https://static.googleusercontent.com/media/guidelines.raterhub.com/ja//searchqualityevaluatorguidelines.pdf

このようなジャンルにおいては、Googleはサイトの E-A-T を特に重視する傾向が強いのです。Googleには事の正否を判別する能力はありませんから、YMYLのような重要なジャンルにおいてはサイト運営者のE-A-Tが重視されます。図1-10にあるとおりEC事業者もYMYLの対象です。そのため、満足度の高いコンテンツを作ることと並んでサイトのE-A-Tを高めることも同じくらい重要なのです(**図1-11**)。

図1-11　SEOで重要視されている考え方の推移

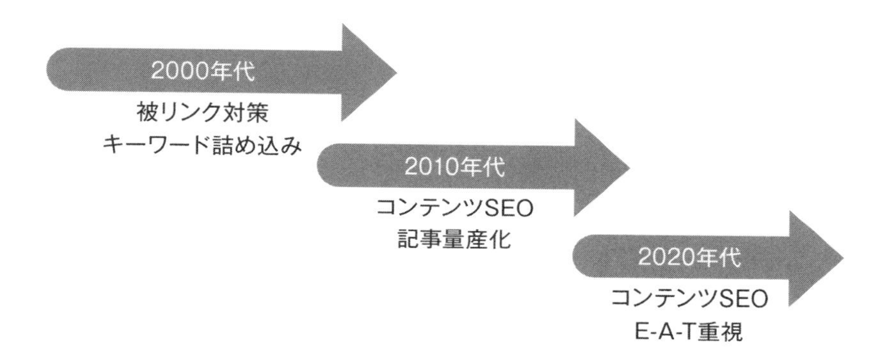

これからは、質の高いコンテンツ、サイトの信頼性、それらが両輪となってますます重みを持つようになります。

1-12 E-A-Tは、できるものから手をつければいい

E-A-Tを高める方法としては以下のようなものがあります。

[専門性を高める]

- サイトやブログでの情報発信の分野を絞る
- ほかのサイトにはない独自で有意義な情報を発信する
- 情報を網羅的に発信する
- 質の高い記事を量産する
- 記事の取材や調査を実施する

[権威性を高める]

- 権威があるほかのサイトに引用してもらえるような記事や情報を発信する
- TwitterやYouTubeチャンネルを開設し、会社名やサービス名がSNSで言及されるくらいの影響力を持つ

- 本を出版したり、リアルやオンラインでセミナーを実施する
- 求人広告を出す
- メルマガ会員を集め、メルマガ発行を数年にわたって継続する

[信頼性を高める]

- サイト運営者情報、企業情報、記事執筆者を明らかにする
- 執筆者のプロフィールページを作る
- 政府機関や信用できる機関からの引用を行い、リンクも紹介する
- 最新の状態に保つべく古い記事をリライトする
- 誤字脱字をなくす
- サイトのSSL対応を実施する

言うは易く行うは難しのたぐいで、中小規模のEC事業者がE-A-Tを高めていくことはカンタンではないと思ったでしょう。しかし、そこまで心配する必要はありません。まっとうにEC事業を行っている事業者であれば、普通に企業活動するだけでサイテーションが得られるからです。たとえば、あなたの会社のECサイトで買い物したユーザーが商品を返品する場合、あなたのECサイト名や会社名で検索することがあります。あるいは良質な商品を提供していれば必ず口コミやレビューが発生します。

つまり、**実体のある企業は、その企業活動自体がサイテーションの獲得につながる**のです。ですから、先ほど列挙したE-A-Tを高める方法の中で、まずはできるものだけから実施していけばよいでしょう。あとは、よい商品やサービスを提供し、まっとうな企業活動を続ければ必ずE-A-Tは高まります。

E-A-Tを高めることは重要ですが、ECサイト運営ではやることが山ほどあります。E-A-Tを高めることにフォーカスして活動するよりも、ECサイトの運営をしっかり行うことこそが結果としてE-A-Tを高めてくれると考えてください。

Chapter 2

いまECサイトに導入する3つのSEO戦略

Chap. 2

いまECサイトに導入する3つのSEO戦略

SEOに着手する前に、あなたの会社のECサイトの現状を把握すべきです。現状を把握してからでなければ正しいSEO対策を行うことはできません。Googleは無料のサイト分析ツールを提供しており、それらのツールを使うことでSEO状況を正しく把握することができます。現状を把握後にあなたの会社の体制を考慮して、本書で紹介する3つのSEO対策の中からどれがマッチするのか検討してみましょう。
この章では現状把握のしかたと、あなたの会社のECサイトが行うべきSEO対策を提案します。

2-1 Googleの2つのツールでSEO状況を把握する

これからSEOに取り組むEC担当者は、**図2-1**の2つのGoogle製ツールが導入されているか確認する必要があります。

図2-1　GoogleアナリティクスとGoogle Search Console

Googleアナリティクス

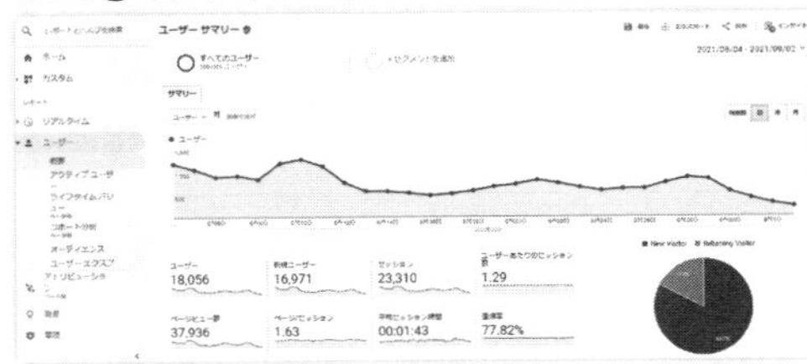

- サイトのアクセス分析
- 訪問ユーザーの属性分析
- ユーザーの行動分析
- CV数（売上）調査

Google Search Console

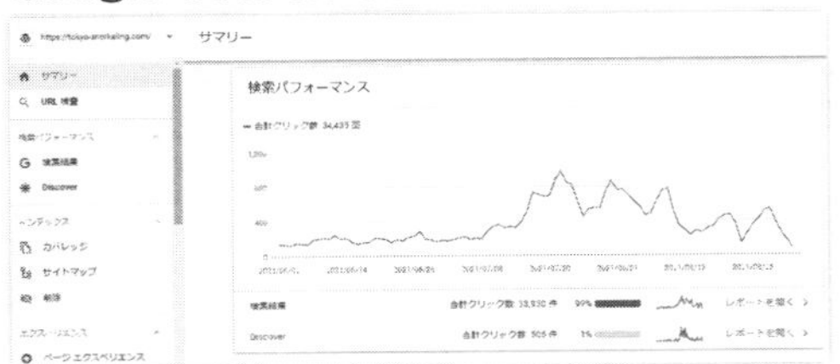

- 流入キーワード調査
- クロールの統計情報
- エラー確認
- サイトマップ送信

どちらもGoogleが無料で提供しているツールで、EC事業者はもとより、すべてのサイトオーナー、ブログオーナーが導入すべきツールです。導入方法は割愛させてもらいますが、ご自分のGmailアドレスでログイン、ログイン後に管理画面から専用のHTMLタグを発行、そのHTMLタグをECサイトの指定のページに貼り付ける程度の作業しかありません。インターネット上にツール導入のための解説がいくつも公開されているので、そちらを参考にしてください。決して難しいことはありません。なお、Googleアナリティクスには ECサイトの分析機能が豊富な「拡張eコマース」というオプションが存在します。使いこなせると便利なのですが、社内にITエンジニアがいないと導入するのは困難でしょう。多くの事業者には通常のGoogleアナリティクスで十分です。

この2つのツールで、どのようにSEO状況を把握するのかを説明します。

2-2 Googleアナリティクスでトップページ以外のランディングページを把握する

Googleアナリティクスは世界で一番利用されているアクセス解析ツールです。機能が豊富で、サイトのアクセス数をあらゆる角度でセグメントしたり分析したりすることができます。以前は有料のアクセス解析ツールに機能面で劣っている部分もありましたが、現在では有料ツール以上の機能があり、よほど専門的な分析をしない限りサイトの分析はGoogleアナリティクスだけで十分です。

機能豊富な分、使いこなすには熟達しなければなりませんが不安に思う必要はありません。**Googleアナリティクスで SEOの状況を把握するための機能は、たった1つで十分だと筆者は考えます。それが「ランディングページ」という機能**です。

ステップに分けて説明※しましょう。

ステップ❶ 「ランディングページ」を選択する

Googleアナリティクスにログインしたら、画面の左メニューから「行動」を選択、次に「サイトコンテンツ」をクリックして「ランディングページ」をクリックします（**図2-2**）。

図2-2 メニュー ＞ 行動 ＞ サイトコンテンツ ＞ ランディングページ

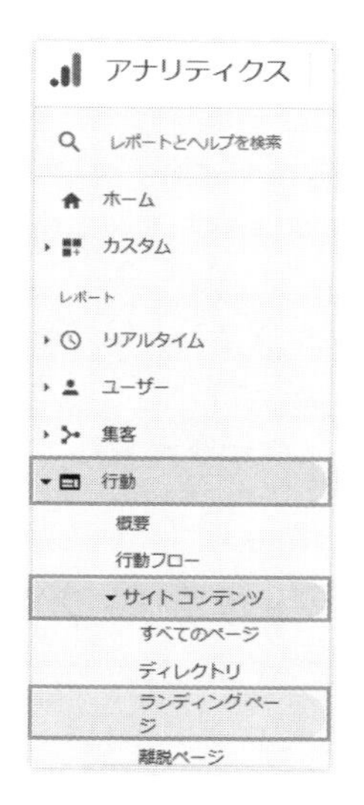

※Googleが提供するツールは使い方や機能名がアップデートされます。本書執筆時点での操作方法となります。

そうすると**図2-3**の画面が出てきます。

図2-3　ランディングページ

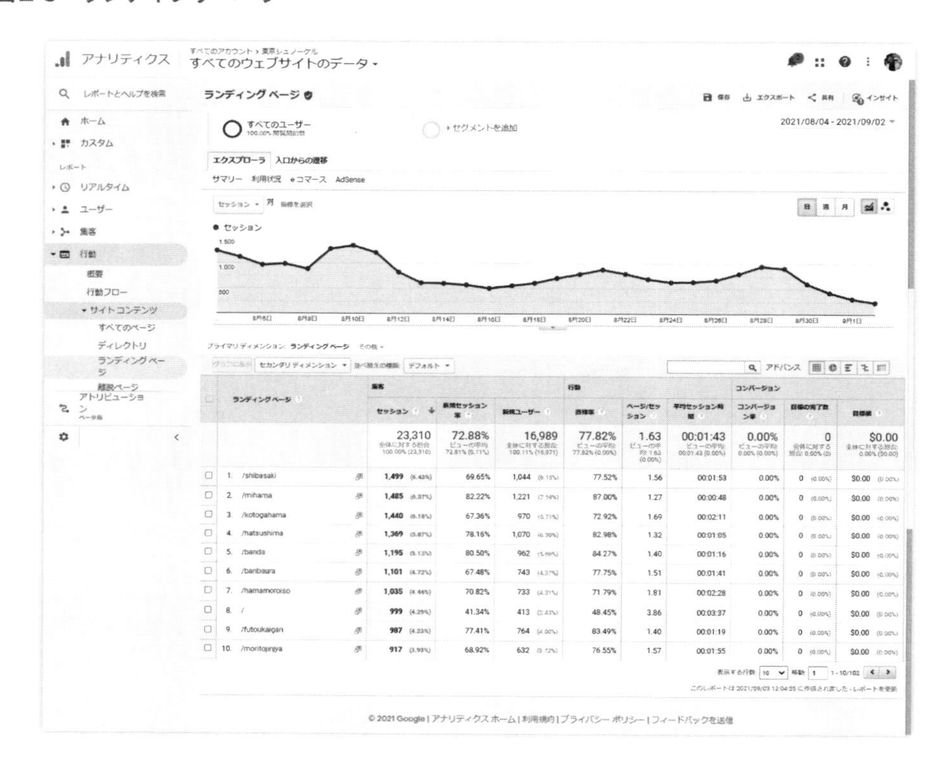

この画面は、ユーザーが最初にどのページからサイトに流入してきているか、ということを意味します。たとえば、あなたのECサイトのショップ名を検索して、ECサイトのトップページにアクセスしたユーザーがいれば、トップページから最初に流入したということになります。それを特定期間で集計したのが「ランディングページ」で、Webマーケティングでは、この統計のことを「ランディングページ」のほか「入口ページ」とも呼びます。

しかし、このままだと、**流入してきたユーザーが、「自然検索からの流入か？」「広告からの流入か？」あるいは「メルマガからの流入か？」という区別がつきません。**ここではSEOの状況を知ることが目的なので、自然検索経由の数字である必要があります。そこでフィルタリングを行います。

ステップ❷　「参照元／メディア」でフィルタリングする

図2-4のように「セカンダリディメンション」をクリックして、「集客」のメニューから「参照元／メディア」を選択してください。

図2-4　セカンダリディメンションを設定する

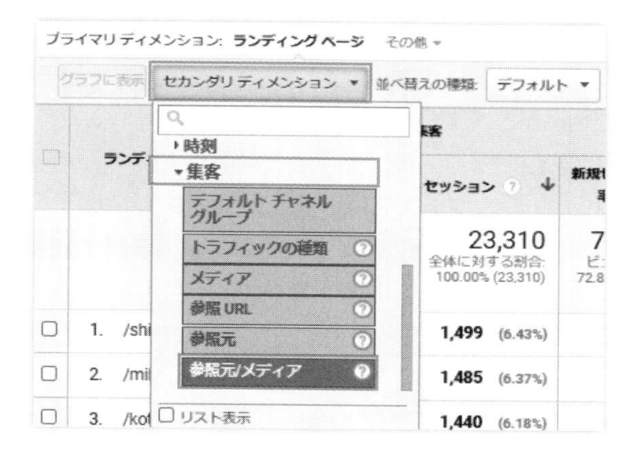

そうすると、参照元のメディア別にソートがかかります。**このフィルタリング機能を使えばSEO（自然検索）経由、つまりどのページにどれくらい検索エンジンから流入しているのか**、という状況をひと目で把握することができます。

ステップ❸ 「organic」経由のページを探す

SEOの現状を把握するために必要なデータを抽出することができたので、ECサイトのSEO状況を分析してみましょう。**図2-5**を見てください。これはECサイトのランディングページのイメージです。ご自分のECサイトだと思って見てみてください。

図2-5　ECサイトのランディングページの例

ランディングページ	参照元/メディア	集客
		セッション
		4703
/	google / organic	686(14.59%)
/campaign-a	newsletter / email	500(10.63%)
/campaign-a	media-a / banner	303(6.44%)
/point-up	newsletter / email	218(4.64%)
/campaign	media-b / banner	214(4.55%)
/faq	google / organic	204(4.34%)
/recruit	google / organic	179(3.81%)
/campaign-b	newsletter / email	154(3.27%)
/category-a/shyohin-23	google / organic	139(2.96%)
/	yahoo / organic	135(2.87%)

SEOによる
商品ページ流入は
ここだけ

トップページ（/）やFAQ（/faq）、求人ページ（/recruit）がGoogleやYahoo!の「organic」（自然検索）とあるので、商品を買った人やリピーターを中心に広くショップ名が検索されているといえますが、SEOに強いとはいえません。なぜなら、**現在はショップ名をすでに知っている人だけが検索している状態**だからです。商品ページの1つ（/category-a/shyohin-23）だけがorganicで流入が多いページになっており、このページのみがSEOが効いている状況だといえます。

図2-5は、SEO対策が弱く、ショップ名やサイト名での指名検索、あるいはサイトに関して不明点がある人にしか検索されていない状況といえます。SEOの醍醐味は、ECサイトのことを知らない新規顧客に対していかに多くの接点を増やせるか、という点にあります。トップページの自然検索だけが多いという状況は、既存顧客やECサイト関係者ばかりがサイトを訪れている状況といえます。SEO状況の分析では、ランディングページがどれだけ多いのか、そしてそのランディングページはどのようなページなのか、という点が非常に重要です。

逆にSEOに強いのは、トップページ以外も自然検索から流入が多数ある状態です。SEOに成功しているサイトでは、トップページ以外のほうがアクセス数が多くなります。**図2-6**を見てください。ECサイトではありませんが、筆者の趣味のブログのランディングページのアクセス数です。

図2-6　SEOに強いサイトの例

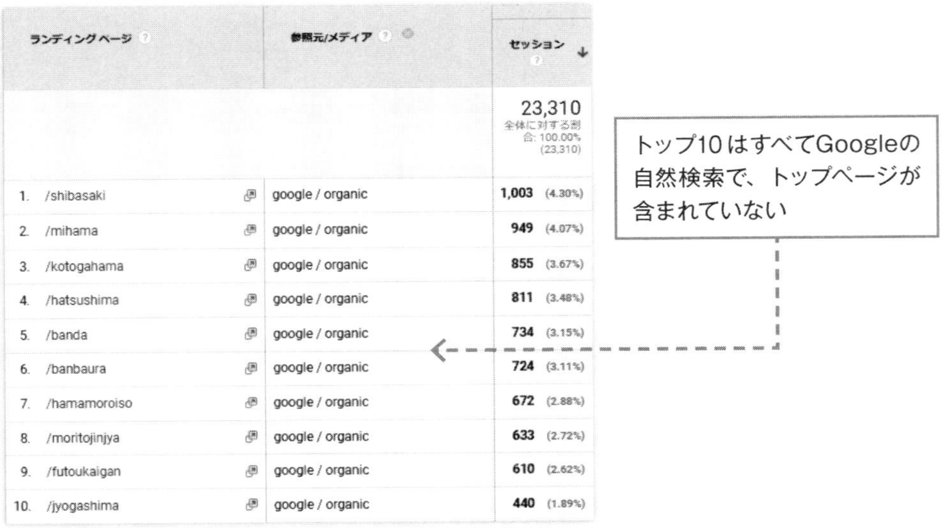

ランディングページ	参照元/メディア	セッション
		23,310 全体に対する割合: 100.00% (23,310)
1. /shibasaki	google / organic	1,003 (4.30%)
2. /mihama	google / organic	949 (4.07%)
3. /kotogahama	google / organic	855 (3.67%)
4. /hatsushima	google / organic	811 (3.48%)
5. /banda	google / organic	734 (3.15%)
6. /banbaura	google / organic	724 (3.11%)
7. /hamamoroiso	google / organic	672 (2.88%)
8. /moritojinjya	google / organic	633 (2.72%)
9. /futoukaigan	google / organic	610 (2.62%)
10. /jyogashima	google / organic	440 (1.89%)

トップ10はすべてGoogleの自然検索で、トップページが含まれていない

トップ10のすべてのページが「organic」(自然検索) です。このように**SEOに強いサイトというのは、トップページ以外からも検索経由の流入が多い**のです。

もしご自分のECサイトのランディングページを見て検索経由の流入が少なかったとしても心配はいりません。本書を読み進めて、施策を実行すれば状況は改善します。まずは**ECサイトのSEO状況を正確に把握することを第一歩としましょう。**

次はGoogle Search ConsoleでSEOの状況を把握するやり方を説明します。

2-3 Google Search Consoleで検索順位や流入キーワードを把握する

Google Search Consoleは通称「サーチコンソール」あるいは「サチコ」などと略して呼ばれます。このツールの特徴は、サイトオーナーがGoogleから見たWebサイトの状態を把握できること。つまり、

- どんなキーワードで、どれくらい流入があるのか
- Googleのクローラーがどれくらいサイトにきているのか
- Googleがサイトの情報を読み込めない、あるいは登録できないエラーがあるのか

といったことが把握できます。

また、Googleにサイトマップを送信したり、GoogleからSEOにおいてペナルティを課せられたときにGoogleとペナルティに関してコミュニケーションをとることができます。Google Search Consoleの導入によって必ずしもSEOに有利になるわけではありませんが、Googleから見たサイトの状況を把握できるメリットがあります。**SEOにおいてGoogleがあなたの会社のサイトをどのように見ているか、という点を知ることは非常に重要**です。

流入キーワードを把握する

それでは、Google Search Consoleにログインしてみましょう。38ページの**図2-7**のように「検索パフォーマンス」の「レポートを開く」をクリックしてください。

そして、「平均CTR」と「平均掲載順位」をクリックすると、この2つの指標が追加されます（**図2-8**）。平均CTR（Click Through Rate）は、Googleの検索結果に表示された回数を母数として、それがどれくらいクリックされたかを表す指標です。平均掲載順位は、対象期間の検索順位の平均を指します。

図2-7 「レポートを開く」をクリックする

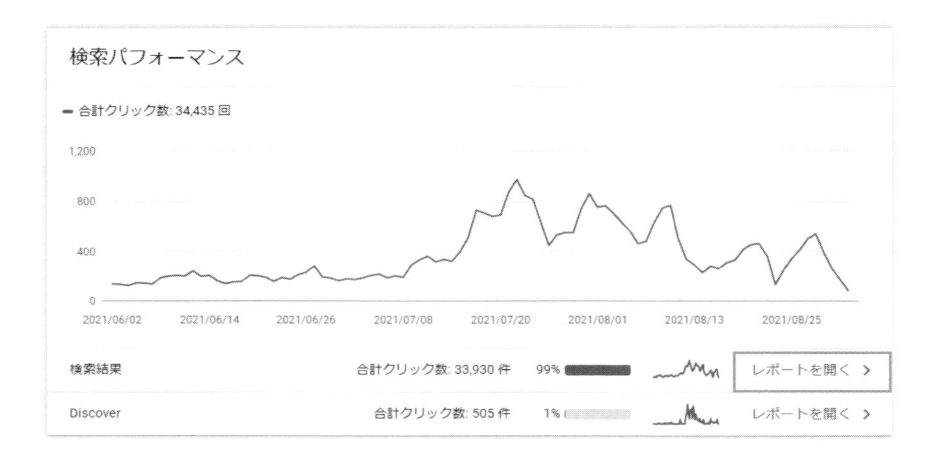

図2-8 「平均CTR」と「平均掲載順位」を追加する

画面を下にスクロールすると、Googleから検索流入するキーワードを把握することができます（**図2-9**）。Google Search Consoleではキーワードを「上位のクエリ」と表記しています。キーワードのことを「検索クエリ」という言い方をすることもあるので覚えておきましょう。また、「掲載順位」というのは「検索順位」と同じ意味と理解してください。

図2-9　流入キーワードと掲載順位を把握する

上位のクエリ	↓ クリック数	表示回数	CTR	掲載順位
御浜海水浴場	1,081	15,900	6.8%	5.1
初島 海水浴	549	2,762	19.9%	7
真鶴 シュノーケリング	508	1,688	30.1%	2.7
初島 シュノーケリング	399	3,204	12.5%	5.9
浮島海岸 シュノーケリング	393	1,392	28.2%	2
外浦海水浴場 シュノーケリング	388	769	50.5%	1
番場浦海岸	361	1,460	24.7%	1.9
浮島海岸	338	9,579	3.5%	8.1

流入キーワード

ここで、キーワードに対して掲載順位を知ることができます。**図2-9**に示したのは筆者の趣味のブログですが、**「御浜海水浴場」というキーワードで掲載順位が5.1位ということがわかります。** この画面では「クリック数」でソートされていますが、「掲載順位」をクリックすると掲載順にキーワードを並べることもできます。

もっとも、**SEO状況を把握するには、やはりクリック数でソートをかけたほうが流入順となるため、実際の状況を把握しやすくなります。** まずは、ご自分のECサイトで同じことをやってみてください。もし上位に出てくるキーワードがECサイトのショップ名ばかりの状況であれば、SEOに強いとはいえません。ECサイトのことを知っている人しか訪問していない状況といえるからです。

さて、ご自分で認知していなかった以下のような商品名に関するキーワードがあったとしましょう。

▶キーワードの例

上位のクエリ	クリック数	掲載順位
USB扇風機␣充電しながら	69	11

このような商品ジャンル名や商品名の複合キーワードで流入があり、かつ掲載順位が10～20位くらいであればチャンスです。**現在は10～20位程度でも、商品ページの説明文や写真をテコ入れすることで、掲載順位を伸ばせる可能性がある**からです。そのページを特定するのはカンタンで、該当キーワードをクリックして「ページ」をクリックする

と、**図2-10**のように該当するページのURLが表示されます。これでテコ入れすべきページを把握することができます。

図2-10　テコ入れするページを把握する

このようにGoogle Search Consoleによって、SEOの状況を把握したり、チャンスを見落としていたキーワードを見つけ出すなどの分析を行うことができるのです。

「クロールの統計情報」を確認する

Google Search Consoleでは、もう1つ重要な指標を確認することができます。それが「クロールの統計情報」です。クロールの統計情報で、Googleのクローラーがサイトにどれくらいきているか、という頻度を確認できます。

クロールの統計情報はSEOを考えるうえで非常に重要な指標です。メニューより「設定」をクリックして、「クロールの統計情報」をクリックしてください。**図2-11**のようなグラフが出てきます。

図2-11　クロールの統計情報

このグラフの推移は、Googleのクローラーがどれくらいサイトに訪問してきているかを表したものです。Googleのクローラーがサイトにくる回数が多ければ多いほど、SEOのパワーが強いといえる面があります。**1日あたりの目安で、まずは訪問回数100を目**

指して、次に300を超えることを意識しましょう。 この数字を高めていくためのカンタンな方法はありません。後ほど説明しますが、SEO対策の記事を更新したり、ECサイトを地道に運営して認知を高めてユーザーが注目し始めると、自然とクローラーの訪問頻度も高まります。

この指標は毎日計測する必要はなく、月に一度くらいクリックして「いまはこれくらいか」と確認する程度で十分です。少し余談になりますが、もしECサイトがテレビに取り上げられたり、SNSで拡散されたりすることがあると、Googleのクローラーの訪問頻度が一気に高まることがあります。Googleはあらゆるデータを収集しており、あなたの会社のECサイトが世間で話題になったのなら、そのシグナルをSNSやニュースメディアから察知し、あなたの会社のECサイトにいち早く訪れるようになります。世間で話題になることはSEOにとって非常によいことで、Googleに認識されやすい状況を作ることにつながります。つまり、SEOとは、インターネット上の評価だけではなく、リアルの話題や評判も間接的に反映されるようになっているのです。

2-4 中小規模EC事業者がとるべき3つのSEO戦略

Googleアナリティクス、Google Search Consoleを使うことで、自然検索からの流入や検索順位、サイトに対するGoogleの評価がある程度わかるため、おおよそのECサイトのSEO状況が理解できたと思います。それを踏まえて**図2-12**のチャートを見てください。

図2-12　中小規模ECサイトの担当者がとるべき戦略

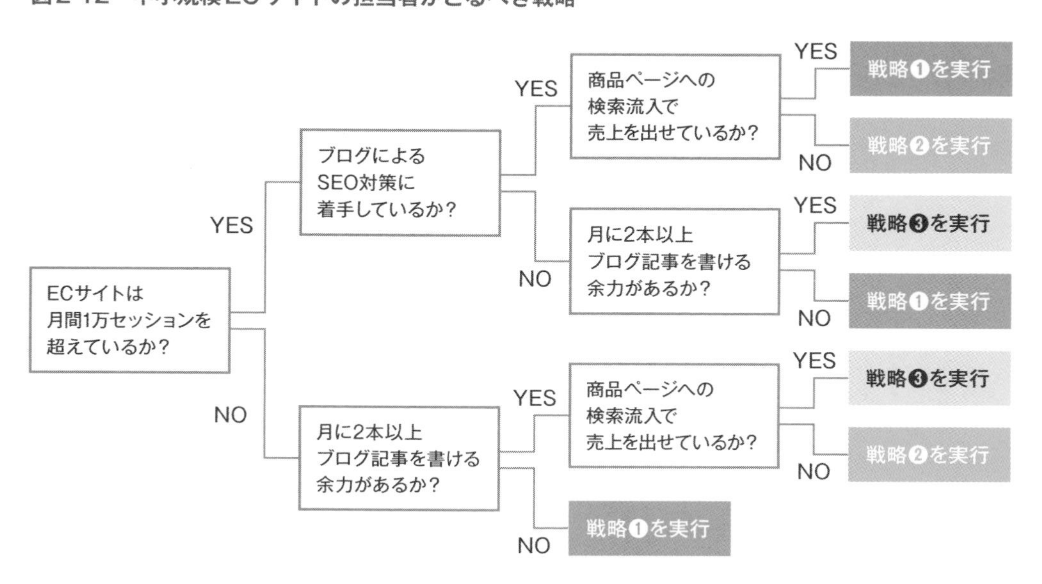

本書では中小規模EC事業者向けのSEO戦略を3つ紹介します。もちろんすべての戦略を実行してほしいのですが、EC担当者の業務は多岐にわたり、最初からすべてを実行するには限界があります。そこで、**図2-12**のチャートを参考にして**SEO戦略の優先順位を決めてみることをおすすめします。**

どの戦略をとるべきか、各戦略の概要を説明します。

戦略❶ ユーザーレビューを集めてSEOを強化する

この戦略は**販売した商品のユーザーレビューを集めて、商品ページの自然検索流入を増やすやり方**です。はっきり狙ったキーワードで検索結果上位を目指すやり方というよりは、レビューを集めて商品ページに掲載し、ユーザーが持つ悩みや体験談から流入を集める方法です（**図2-13**）。

図2-13　商品ページでユーザーレビューを集める

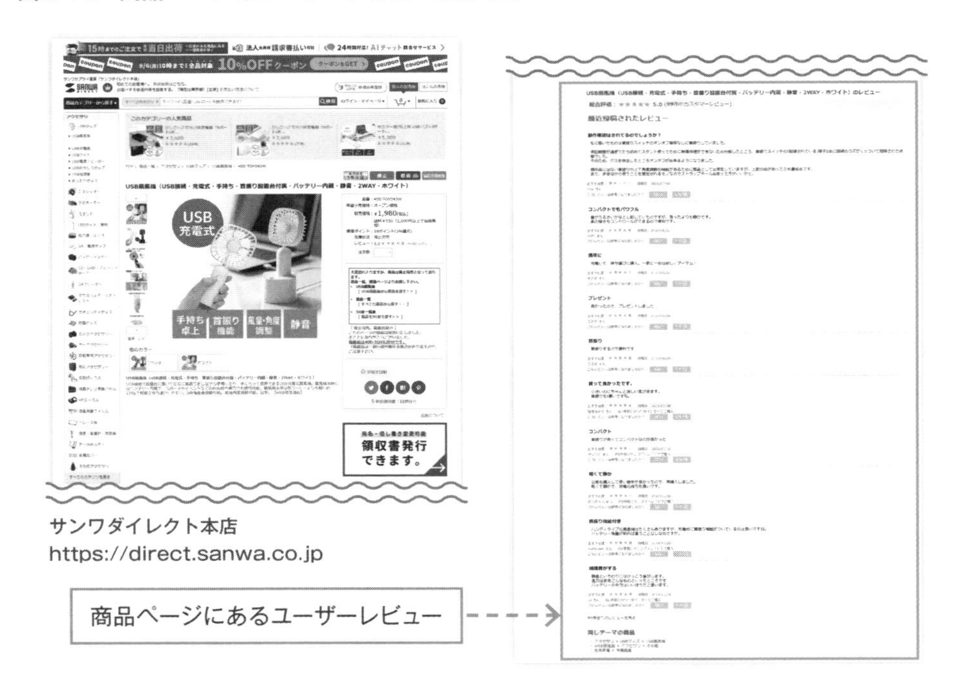

戦略❶ のメリットは、一度仕組みを作ってしまえば、**労力を最小限に抑えてSEOが強化されていく点**です。デメリットは、抜本的にSEOを強化するための施策ではないため、これのみでセッション数が2倍、3倍になるようなものではない点です。しかし、口コミが多いことでCVRの向上が見込めるので、戦略❶ はSEO以外にも大きなメリットがある、ECサイトの売上向上に結びつく施策といえます。

戦略❷ 商品ページを充実させてSEOを強化する

この戦略は**商品ページのURLで検索結果上位を目指すやり方**です。商品ページの商品説明文を充実させて「商品ジャンル名」や「商品名」などをSEO対策キーワードとして狙っていく戦略となります（**図2-14**）。

図2-14　商品ページを充実させる

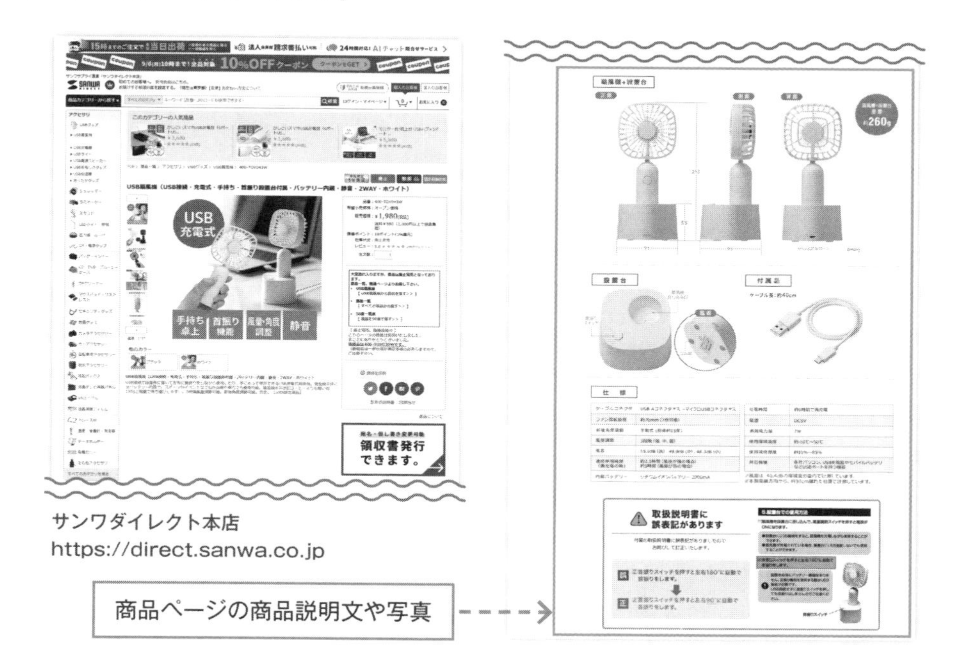

ただ、絶大な効果を期待することはできません。商品ジャンル名や有名商品の商品名などのSEOはAmazon、楽天市場、価格コム、ZOZOTOWNなどの大手が圧倒的に強く、それらの大手と戦っていくというよりも、**大手が手を出していない分野に注力する戦略**となります。

戦略❷ のメリットは、すぐに実行できる点と、うまくいけばすぐに売上につながりやすい点です。デメリットは効果が小さい点と、商品登録数が多いECサイトの場合は非常に手間がかかる点です。つまり、戦略❶ と同様にSEO状況を抜本的に強化するような施策ではなく、現在のECサイトのSEO状況を補強していくタイプの施策になります。

戦略❸ ブログ記事で検索結果上位を狙う

中小規模のEC事業者が毎月10万PV以上のアクセス数を集めて、売上を爆発的に高めようとするなら、戦略❸ のブログ記事しかありません。**商品ジャンル名や商品名などの**

CV（コンバージョン）に密接に関係するSEOキーワードでは、大手事業者に勝つのは現実的ではないからです。**図2-15**を見てください。

図2-15　商品名「USB扇風機」での検索結果

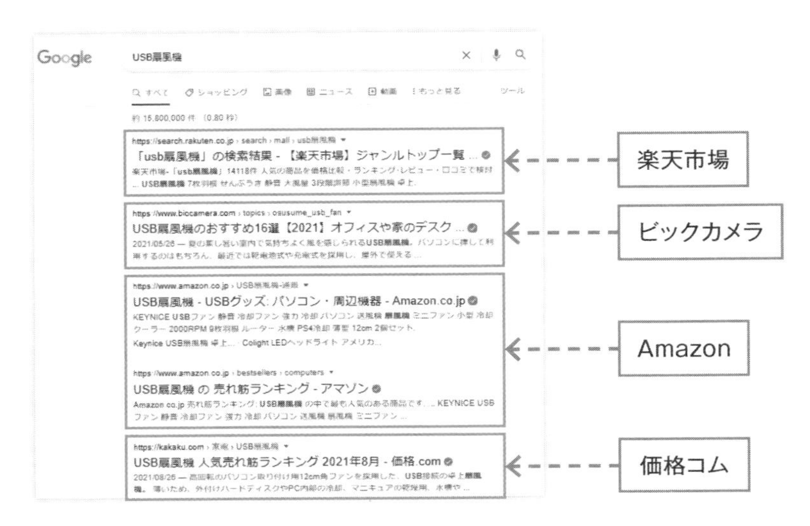

商品ジャンル名や商品名のキーワードは、最も儲かるキーワードですが大手EC事業者が上位を占めています。Googleも、商品ジャンル名などではE-A-Tの観点から大手EC事業者しか表示させなくなってきています。

しかし、中小規模のEC事業者にも活路はあります。**図2-16**は、お悩みキーワードである「オフィス␣暑さ␣対策」で検索した検索結果です。

図2-16　「オフィス␣暑さ␣対策」での検索結果

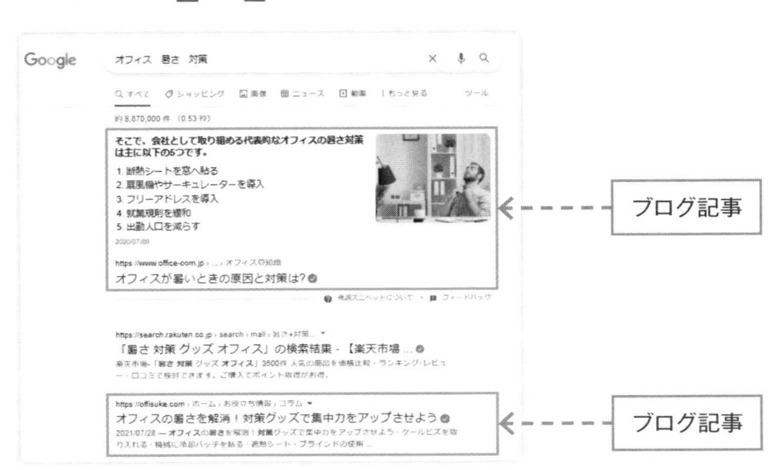

お悩みキーワードでは、検索結果上位に出現するのはブログ記事が多いのです。このようなお悩みキーワードを探し出してブログ記事を書いていくことで中小規模EC事業者でも爆発的なアクセス数を集めることが可能となるのです。この **戦略❸** こそ、**中小規模EC事業者がとるべきSEO対策だと筆者は確信を持っています。**

ただし、この施策は成功すればアクセス数を大幅に増やせる反面、労力がかかります。また、成果が見えるのは半年から1年以上先となるので、実行当初はブログ記事を書き続けるモチベーションの維持が難しい面もあります。

2-5 顕在ユーザーと潜在ユーザー、どちらを狙うべきか？

戦略❶ ～ **戦略❸** を選ぶ前に、まず顕在ユーザーと潜在ユーザーについて考える必要があります。ここでは「USB扇風機」を例にとって説明します。

▶顕在ユーザー

顕在ユーザーは、ニーズが顕在化しているターゲットユーザーのことです。USB扇風機がほしいユーザーは、すでにUSB扇風機のことを認知しているわけですから、インターネットで検索する場合、直接的に「USB扇風機」というキーワードで検索して商品を探します。

▶潜在ユーザー

潜在ユーザーは、まだニーズが顕在化していないターゲットユーザーのことです。オフィスやテレワークの自宅部屋が暑い場合に、「部屋␣暑い」「オフィス␣暑い」「テレワーク␣暑い」といったキーワードで検索します。彼らは暑さを解決したいと考えてはいますが、まだ「USB扇風機」という選択肢を持っていません。

顕在ユーザーのキーワードをGoogleで検索してみると、検索結果上部には広告が出てきますし、検索結果上位も有名ECサイトが出現し、大手をはじめ競合が非常に多い状態で、市場はレッドオーシャンといえます（**図2-17**）。このようなレッドオーシャンで戦うのは中小規模事業者には難しいでしょう。

一方で潜在ユーザーのキーワードはどうでしょうか。広告も出てきませんし、聞いたことのないドメインのブログも検索結果上位に出てきます（**図2-18**）。つまり顕在ユーザーと比べると、**潜在ユーザーのほうが競合が少なくブルーオーシャン**なのです。

図2-17　顕在ユーザーのキーワードでの検索結果

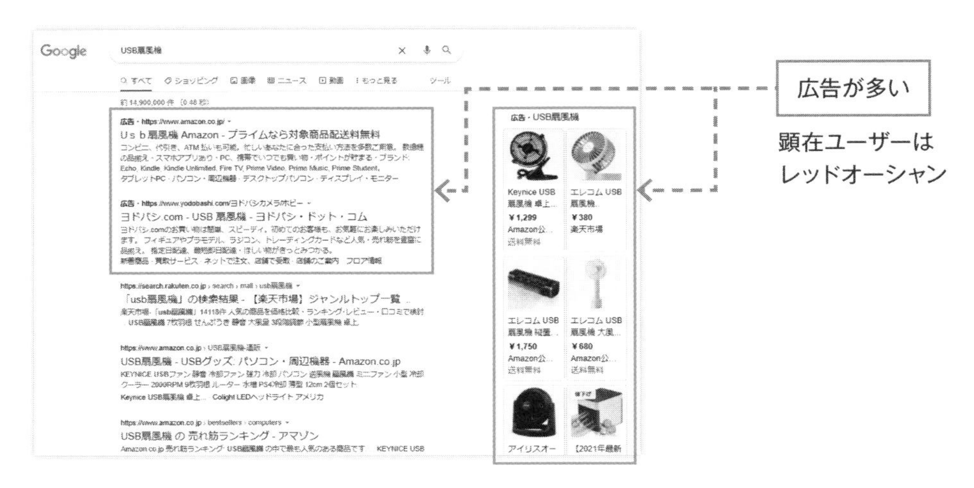

図2-18　潜在ユーザーのキーワードでの検索結果

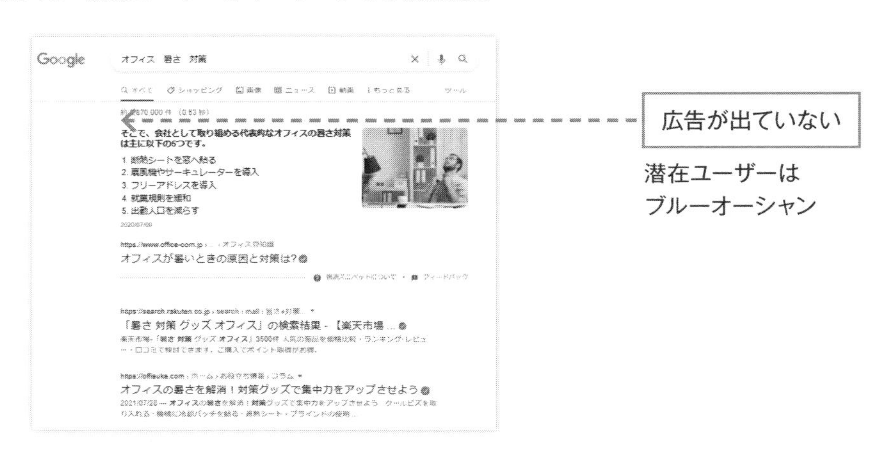

マーケティングの基本的な考え方として、**顕在ユーザーは見込み客であるため、ECサイトに訪問してもらえれば高い確率で商品を購入してくれますが、このような顕在ユーザーの囲い込みに大手や競合は広告費と労力を全力で投資しており、ここばかりを狙っていくのは顧客獲得効率が悪くなります。**

一方で、潜在ユーザーは購入見込みが顕在ユーザーよりも高くはないため、大手や競合もそこまで広告費や労力を投資していません。**潜在ユーザーはブルーオーシャンであるため中小規模事業者が参入しやすい**のです。

潜在ユーザーにはもう１つ大きな利点があります。それは顕在ユーザーよりも潜在ユーザーのほうが圧倒的にボリュームが多いことです（**図2-19**）。

図2-19　顕在ユーザーと潜在ユーザーのイメージ

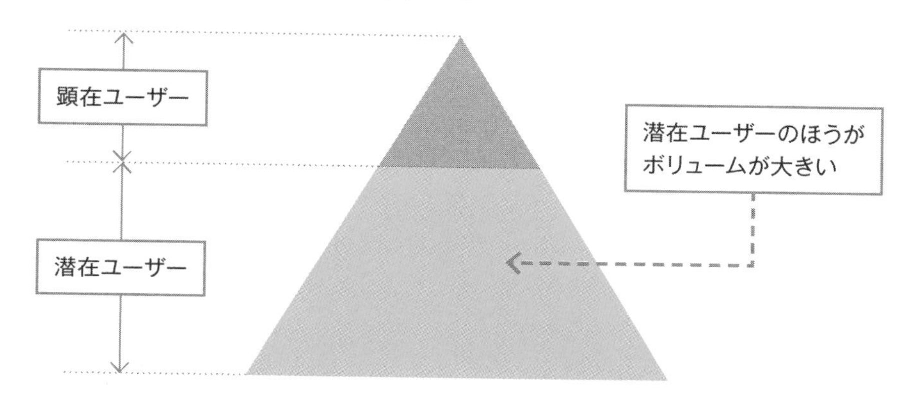

筆者の経験則に基づくイメージですが、**ニーズが顕在化しているユーザーよりも潜在層のほうが圧倒的にボリュームが多くなります。**このような潜在層に向けて質の高いブログ記事を書くことで、あなたの会社の商品に気がついてもらうことができます。潜在層の注目を集めることでECサイトのアクセス数を飛躍的に伸ばすことができるのです。

2-6 覚悟があるなら、EC担当者はブログを立ち上げるべき

ECサイトの商品ページでは、潜在ユーザー対策は困難です。たとえばUSB扇風機の商品説明文で、「テレワーク␣暑い」といった内容の文章を深堀りして書くことができるでしょうか？　もちろん商品ページでブログのように3,000文字以上の文章を書くことは不可能ではなく、SEOもうまくいくかもしれません。

しかし**忘れてはいけないのが、商品ページというのは、ページにきてくれたユーザーにスムーズにカートインしてもらうこと、つまり注文させることが最大の役割**です。また、ECサイトで最も売上を稼ぎ出してくれるのは新規ユーザーではなくリピーターです。もし3,000文字以上も書かれた商品ページにリピーターが訪れたら、商品を買うどころか「注文ボタンはどこだ？」「ダラダラ長いばかりでわかりにくいサイトだ」と、離脱してしまうかもしれません。**商品ページをブログ記事のようにするのは、CVRを下げてECサイトの売上を下げる原因となり本末転倒**なのです。

そもそも、商品ページに「オフィス␣暑い」「テレワーク␣暑い」といったことばかり書かれているのは不自然です。商品ページのSEOは、商品名もしくは商品名に関連するキーワード対策、または商品ジャンル名などの対策に集中すべきです。

SEOで月間10万PV以上の圧倒的な集客を実現して、ECサイトの売上を伸ばしていくには、**戦略❸**のブログ施策を行うべきです。**戦略❶**も**戦略❷**も、実施すれば確実にSEOで効果が得られますが、集客が2倍、3倍に増えるという施策ではありません。**戦略❸**の**ブログ記事で成果を出すには半年～1年以上かかりますので、少しでも早めに着手するに越したことはありません。**

もっともECサイト運営は、マーケティング以外にも商品の仕入れ、受注処理、梱包、配送、顧客問い合わせ対応など多岐にわたります。もしあなたが1人でECサイトを運営しているのなら、おそらくブログを書く余力はないでしょうから、最も労力のかからない**戦略❶**を実行し、ユーザーレビューを増やす取り組みで売上を高めていきましょう。

もしECサイト運営の体制が整っており、ブログ施策を実行する覚悟があるのなら、**戦略❸**に乗り出しましょう。最初は成果がなかなか見えないブログ施策ですが、本書はブログで検索結果上位表示するためのノウハウを詰め込んでいます。本書を手がかりにブログ記事を書いていけば、いずれ成果が見えてくるはずです。たとえブログ記事を外部に発注するとしても根本の考え方を押さえ、一度はご自分で記事を書いてみないと、なかなかうまくいくものではありません。まずは本書で正しい考え方を身につけてください。

2-7 ユーザーレビューがSEOにも強い理由

この章の最後に**戦略❶**について説明します。**戦略❷**と**戦略❸**は、これからの章でじっくり説明していきます。

ではまず、ユーザーレビューを集めることが、なぜSEOに強いのかという点について説明します。以下は、Google所属のWebマスタートレンドアナリストで、SEO関連の情報を発信しているジョン・ミュラー氏がコメントに関する質問を受けた際の回答です。

▶コメントに関する質問

ブログのコメントをGoogleはメインコンテンツとして扱うのか？　それとも補助的なコンテンツとして扱うのか？

▶ジョン・ミュラー氏の回答

状況にもよるが、ページのメインコンテンツの一部としてみなすこともある。
フッターやサイドバーのようにページのテンプレートの一部になっているような要素はさほど重要視しない。しかし記事やそのページにある変化するコンテンツ、これにはコメントも含まれるが、そういったものはメインコンテンツとして見ることもあるだろう。ブログに書

き込まれたコメントであるということを理解しようとはするだろう。それでも本質的には、コメントはメインコンテンツの一部だ。ブログの記事に十分なコンテンツがない一方ですごくよいコメントがたくさんあったとしたら、そういったコメントはそのページにおいて非常に役立つから無視してはいけないと、最初の段階で判断するケースがときどき起こりうる。

出典：English Google Webmaster Central office-hours from December 13, 2019
https://www.youtube.com/watch?v=5QxYWMEZT3A&t=205s

GoogleでSEO関連の情報を発信しているジョン・ミュラー氏は、コメントはメインコンテンツとして扱われる、と明確に言及しています。これはブログのコメント欄についての質疑応答ですが、その中で「記事やそのページにある変化するコンテンツ、これにはコメントも含まれるが、そういったものはメインコンテンツとして見ることもあるだろう」と言及しており、**ECサイトのユーザーレビューもSEOに影響のあるメインコンテンツとして扱われることがわかります。**

2-8 ユーザーレビューが集まると ロングテールキーワード流入が増える

ユーザーレビューが集まることは、実際に商品を使用した体験談が集まることです。その体験談からキーワードを見つけて、EC担当者も気がついていなかった「商品名」×「〇〇」×「〇〇」といった3つ以上の掛け合わせのロングテールSEOキーワードを狙うことができます。

掛け合わせで検索するユーザーは、すでに自分のほしいモノや気になる点が顕在化しており購入率が高い傾向にあります。ユーザーレビューを増やすことはロングテールキーワードでの流入を増やし、CVRを高めることにつながります（**図2-20**）。

図2-20　検索数とCVR

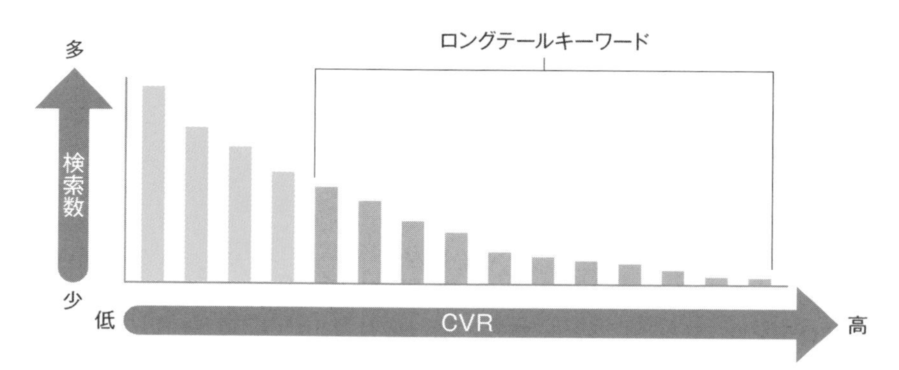

たとえば、サプリメントを探すときに「サプリメント␣ブルーベリー␣飲みやすい」というニッチキーワードで検索すると、検索結果上位にAmazonや価格コムのレビューが表示されます（**図2-21**）。

図2-21　検索結果上位にユーザーレビューが表示されている

Amazonや価格コムという大手ECサイトを例に出しましたが、**あなたの会社のECサイトも、100以上の良質なレビューを集めれば検索結果で上位表示させることは可能**です。Amazonや価格コムのようにユーザーレビューをたくさん集めることができれば、EC担当者が思いつかないようなニッチなキーワードで商品ページがアクセスされるようになるのです。

2-9 ユーザーレビューは売上に直結する

もし1つの商品にユーザーレビューを100以上集めることを実現できるなら、集客の面に限らず購入率の面でも大きなメリットがあります。

商品購入の見込みが強いユーザーは、見込みが弱いユーザーよりも商品ページを隅々まで読んでから購入します。あなたもAmazonなどで購入するときにレビューや口コミをじっくり見ているはずで、レビューや口コミが購入の決め手になったことは一度や二度ではないのでないでしょうか。**図2-22**を見てください。

図2-22　年代ごとのレビューや口コミを参考にする割合

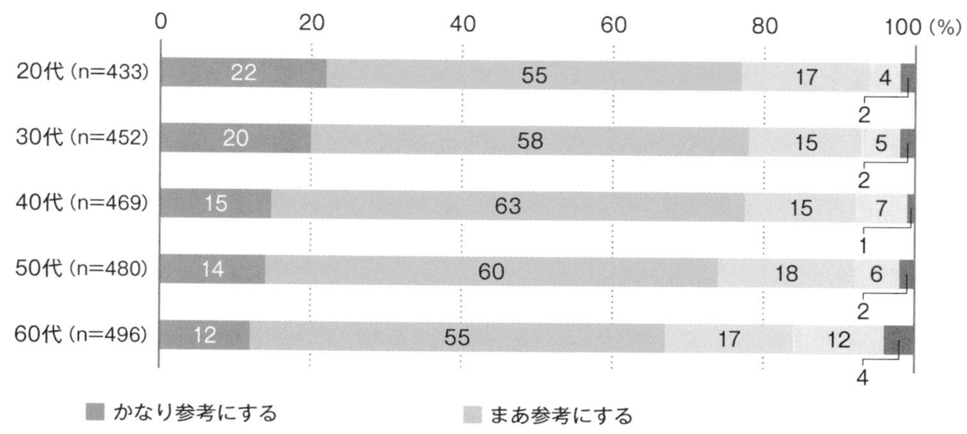

出典：総務省　平成28年版 情報通信白書
https://www.soumu.go.jp/johotsusintokei/whitepaper/ja/h28/html/nc114230.html

少し前の調査結果ですが、**全体の7割程度がユーザーレビューを参考にする**と答えています。そして、年齢が低い層ほどWeb上のユーザーレビューや口コミを参考にしていることがわかります。

別の調査結果も存在します。

> **口コミ情報利用者が口コミ情報を参考にして購入する商品・サービスは、「家電製品、AV機器、カメラ」が4割と最も多い。そして、「パソコンなどコンピューター関連機器」「宿泊、旅行」が各3割と続く。**
>
> 出典：ECのミカタ「商品購入時、口コミを参考にする人は6割弱！」
> https://ecnomikata.com/ecnews/5840/

高額な商品ほどユーザーレビューが見られていることがわかります。このようなデータからもわかるように、ECサイトの売上を高めるための1つの施策としてユーザーレビューをしっかり集めるべきなのです。

では、どのようにしてユーザーレビューを集めればよいのでしょうか。ECカートシステムに付属しているユーザーレビュー機能（商品レビュー機能）を使いますが、単にその機能を利用するだけでは、よいレビューは集まりません。

ユーザーレビューを集める前に、よいレビュー（口コミ）とはどのようなものなのかを考えてみましょう。

2-10 よいユーザーレビューを集めるポイント

ユーザーレビュー（口コミ）がECサイトの集客や購入率にプラスに働くことを理解してもらったところで、では、どのようなレビューがほかのユーザーの役に立つのかを確認しましょう。以下を見てください。

▶意味のないユーザーレビューの例

★★★★★　よかったです！　とても役に立ちました！

★★★★★　すごく丁寧でした！　ありがとうございます。

★★★★★　子供も満足しています！　助かりました！

一見すると星5つで、EC事業者にとってありがたいと思えるかもしれません。しかし、**このようなユーザーレビューは、商品を真剣に検討しようとしている人には何の役にも立ちません。ユーザーの悩みに言及する部分や使用感の説明が1つもない**からです。

ユーザーの役に立つレビューは、具体的には以下のようなものです。

私はシュノーケリングが大好きで、何度も行きます。以前持っていた海パンは金属製のファスナーが錆びてしまい、ファスナーの上げ下げができなくなりましたが、この商品はファスナー部分が固いプラスチックでできており、錆びることがありません。たいへん気に入ってます。

女性の私が1人でこの棚を組み立てることに不安を覚えましたが、2時間程度でできました。取扱説明書で丁寧に説明されているほか、QRコードからアクセスした動画を見て組み立てることができ、スムーズに完成させられました。

私は身長が166センチで体重が80キロの太り気味の体形ですが、このポロシャツはゆとりがありながら、着てみると体が締まり気味に見えて非常に満足しています。また洗濯しても、さほど縮まず、太っている私でもスリムに見えて嬉しいです。

手の小さい私でも、このスマホは片手で操作しやすくて携帯しやすいです。以前のスマホは大画面で、落としてしまって画面にヒビが入ってしまいましたが、このスマホは握りやすいです。また最初からインストールされているアプリが少ないためか、利用できるメモリの容量も大きく大満足です。

ほかのユーザーの役に立つレビューであることが一目瞭然ですね。これらのユーザーレビューは以下の点が押さえられているからです。

- どういう人が購入して
- 商品にどういう特徴があって
- どのように役に立ったのか
- それが複数行で書かれている

このようなレビューをECカートシステムのユーザーレビュー機能を使って集めようとしてもなかなか集まりません。よいユーザーレビューを集めるためにはポイントがあります。

まず**大前提としてよい商品を企画、販売することができれば、おのずとよいユーザーレビューは集まります。**当たり前すぎることですが、よいユーザーレビューが集まるかどうかを最も左右するのは商品です。突出した独自の商品があればユーザーレビューに関しての施策は特別必要ないでしょう。たとえば、昨今インターネット上で話題になっている「リライブシャツ」などがまさにそれに該当します。

リライブシャツは、Tシャツの内側にトルマリン鉱石の成分を付着させ、それにより筋肉を刺激し筋肉の可動域を増やし、Tシャツを着ているときに筋力を増加させるという画期的な商品です。筆者も購入して試してみましたが、妻を軽々と持ち上げられるくらい筋力の増大を感じましたし、血行がよくなり肩こりも軽減しました。

この商品はSNS上で絶えずレビューが書かれています。気になる方はTwitterなどで検索してみてください。突出した商品がユーザーレビューを多数生むさまを確認できます。

さて、ECカートシステムのユーザーレビュー機能を使っただけではユーザーレビューが集まらないのは、ユーザーにメリットがないからです。ユーザーがWebにアクセスするデバイスの主流はスマホです。スマホで文字を入力するのは手間ですから、よほど商品が気に入るか、逆に不満のある人からしかユーザーレビューを集めることはできません。

ユーザーレビューを積極的に集めるためには、必ずインセンティブが必要になります。ECカートシステムの仕組みに依存する部分はありますが、インセンティブはポイントやクーポンです。ポイントは有効期限があるとはいえ、利益に及ぼす影響が大きいので、クーポンのほうがインセンティブに向いています。

▶ユーザーレビューの依頼文

〇〇様、商品をお買い上げいただきありがとうございます。お買い上げいただいた商品に関しまして、レビューのご記入をお願いできないでしょうか？　お書きいただけた方には、500円分のクーポンをお配りしています。ぜひ商品に関するご意見や体験レビューのご記入をよろしくお願いいたします。

これでもレビューは集まりますが、どうしても「ありがとうございました」「対応が丁寧でした」など「意味のないユーザーレビュー」のほうが多くなってしまいます。

ユーザーレビューの例文をつけ、条件もつける

ユーザーレビューにインセンティブをつけると、クーポン目当てで短めのレビューが多くなってしまいます。ほかのユーザーのためにならなければ、レビューを集めることがSEOや購入率を高めるための施策になりません。クーポンなどのインセンティブ提供には以下のような条件をつけます。

▶インセンティブの条件の例

以下の例文のように3行以上で、この商品がどのように満足（あるいは不満足）だったのかを具体的にご記入いただけた場合に、クーポンをご提供いたします。

▶例文

身長160センチの30代の男性です。このポロシャツはゆとりがありながら、着てみるとわりとスリムに見えます。洗濯してもシャツが縮まず、素材がパリッとしている点も満足度が高いです。

インセンティブの条件と例文をセットで示すことで、質の高いレビューが集まりやすくなります。 インセンティブの条件のチェックは手作業になる部分があり、手間が増えるデメリットがありますが、ユーザーレビューはSEOにも購入率にも影響するものですから、ECサイトの運営フローの1つとしてしまうことをおすすめします。もしインセンティブのチェックが難しい場合は、例文を提示するだけでもユーザーレビューの質は変わります。

Chapter 3

商品ページを充実させて SEOを強化する

Chap. 3

商品ページを充実させてSEOを強化する

中小規模事業者の商品ページが、たとえば「パンプス」「スニーカー」といった商品ジャンル名の単ワードのビッグキーワードで検索結果上位を獲得するのは、すでに大手が独占しているためほぼ不可能であることは説明しました。しかし、商品ジャンル名や商品名に2語、3語を掛け合わせた複合キーワードで検索結果上位をとることは可能です。この章では、SEOを強化する商品ページの充実について説明します。

3-1 そもそも「安心」して買えるECサイトなのか？

もしあなたが靴をECサイトで購入するなら、どのようなサイトで購入するでしょうか？　ほとんどの方が、

- Amazon
- 楽天市場
- ZOZOTOWN
- ビックカメラ

といった大手ECサイトを選ぶのではないでしょうか。「使い慣れているから」はもとより、**「大手のECサイトなら安心して買うことができるから」というのが大きな理由**でしょう。

ECサイトは商品を手にとってから買えませんし、クレジットカード決済がほとんどですから、ECサイトで買い物をする前提に「安心して商品を購入できる」という点があります。運営母体がはっきりしている大手ECサイトが選ばれる、つまり**「安心」こそECサイトで購入されるために重要な前提要素**なのです。

中小規模事業者のECサイトにおいても「安心」を担保しなくては、いくらSEOで集客できても商品を売ることはできません。まずは以下の点があなたの会社のECサイトで問題がないか確認してください。1つでもNOがあるのなら、SEOで集客できてもユーザーが買い物をしづらいECサイトといえます。すぐにでもECサイトの改修をする必要が

あります。

[ECサイトの安心が担保できているか]

- SSL対応（https対応）しているか
- いかにも急ごしらえの貧相なデザインではないか
- 商品の写真が多数用意されているか
- 商品説明文は文字数をしっかりとって記述されているか
- 運営会社が明確に表記されているか
- 返品ポリシーが表記されているか
- サイトに誤字脱字はないか
- スマホ対応しているか

これらの点をECサイトが満たしているか確認してください。もし満たされていないのならSEO対策は後回しです。まっ先にやるべきことは、新規ユーザーが安心してクレジットカード番号をECサイトに入力できる状態にすることです。

3-2 ユーザーは「確信」のあるECサイトから購入する

ECサイトの「安心」に続いて「確信」について考えたいと思います。ユーザーは安心できるECサイトでなければ商品を購入できないと述べましたが、**売れるECサイトを考えるうえでは「安心」だけでは不十分**です。売れるECサイトというのは「確信」のあるサイトです。ここでいう「確信」とは、

- この商品で間違いない！
- 私の探していた商品は、まさにこれ！
- 私が知りたかった商品説明が、このECサイトにはあった！

とユーザーに思わせることです。確信をユーザーに与えるのはたいへんなことですが、確信を意識することで商品ページはガラッと変わります。そして、**この確信を突き詰めることこそ商品ページのSEO対策につながる**のです。

確信の例を挙げてみましょう。「確信」とはいっても難しいことではなく、商品購入時に誰でも感じたことがあることばかりですが、実はその何気ないことが確信を生むヒントになるのです。

このECサイトでジャケットを買う。なぜなら、コーディネート写真が豊富にあり、その中の1枚の写真が私の持っているズボンと似ていて、自分がこのジャケットを着ているイメージが持てたから。

このECサイトでスマホ充電器を買う。なぜなら、「Android対応」と表記してあるのはこのサイトだけだから。おそらくほかのサイトで買っても対応していると思うが、「Android対応」という表記がほかのサイトにはなかったから。

このECサイトでシャツを買う。なぜなら、着丈などのサイズ表記が写真つきで紹介されておりサイズ感の不安がなくなったから。

このような小さなことでもユーザーにとっては確信になりうるのです。本書を読んでいるあなたにも似たような体験がきっとあると思います。つまり、**あなたが過去にECサイトで商品を買った理由こそ「確信」のヒントになる**のです。

ユーザー1人ひとり商品を買う理由が異なります。ユーザーは自分に最もふさわしい商品を探すために、あらゆる検索をGoogleやYahoo!で行います。**ユーザーは商品ジャンル名や商品名とあらゆる掛け合わせの複合キーワードで検索していますから、商品ページでSEOを実施する場合は複合キーワードを意識してください。**複合キーワードになるほど検索する人は少なくなりますが、そこにチャンスがあります。

[単ワードと複合キーワード]

- 単ワード ➡ 「写真立て」
- 複合キーワード ➡ 「写真立て␣○○」
- 3語以上の複合キーワード ➡ 「写真立て␣○○␣○○」

複合キーワードはツールを使えばカンタンに抽出することができます（**図3-1**）。この掛け合わされたキーワードの中には、以下のような**「お悩みキーワード」**が多数含まれています。

[お悩みキーワードの例]

「写真立て␣サイズ合わない」
「写真立て␣プレゼント␣彼氏」
「写真立て␣割れる」

図3-1　ツールを使って「写真立て」の複合キーワードを一括検索した例

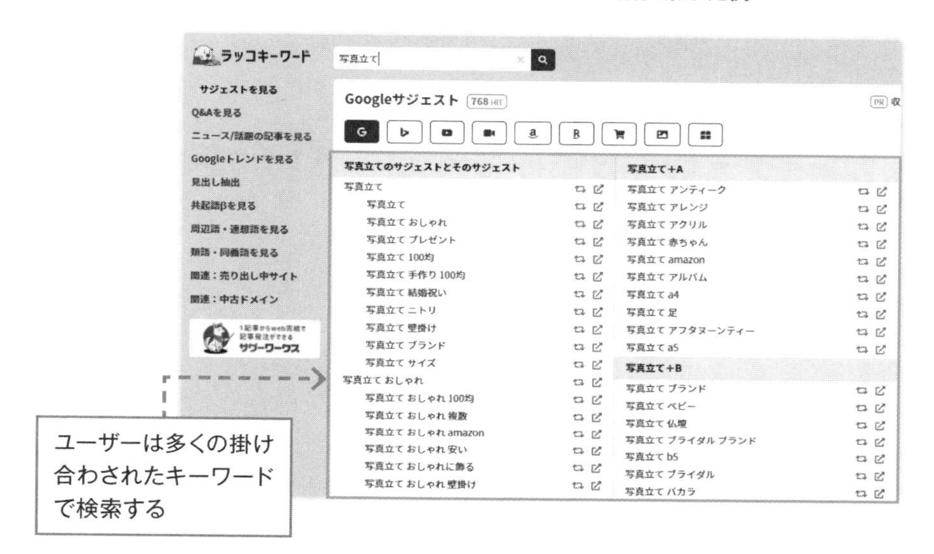

たとえば「写真立て␣割れる」のお悩みキーワードに対して、以下のように商品ページで解決してあげたらどうでしょうか。**ユーザーはあなたの会社のECサイトに検索エンジンでたどり着き、ほかのECサイトでは得られなかった確信を得られる**はずです。

> 前面板にプラスチックを使用することで軽量かつ安全な仕様になっています。
> 高い場所からの落下や、誤ってモノがぶつかり衝撃があった場合にもガラス板と違い割れる心配がほとんどありません。小さいお子様やお年寄りのいるご家庭や、多くの人が集まる場所などで使用する場合にもガラス板よりも安全にご使用いただけます。
> シンプルでありながら上品なデザインとなっているので、結婚祝いや出産祝い、内祝いなどのギフトにもよいですし、お祖父母様への感謝の気持ちを込めたプレゼントにも最適です。

しっかり「確信」を用意できれば、**「悩みの深い人」「真剣な人」「購入意欲の高い人」ほど検索結果の下まで探してくれるので、あなたの会社のECサイトにたどり着く**でしょう。

ユーザーがECサイトにたどり着いて商品説明文を読んで購入するというユーザー行動のデータがGoogleにたまれば、ECサイトの検索順位はニッチキーワードで上位になるはずです。

SEOの真の考え方はユーザーファーストです。Googleがユーザー満足度を追求している限り、あなたのECサイトもユーザーファーストを考えるだけでよいのです。ユーザーの悩みを解決していくという姿勢を持ち続ければ、お悩みキーワードに対応する商品ページは必ずSEOで上位にたどり着くはずです。

3-3 ユーザーの「お悩みキーワード」を知る3つの方法

確信のある商品ページにするにはユーザーの課題や悩みを知る必要がありますから、お悩みキーワードを探すことは重要です。お悩みキーワードを探す方法は、ツールやYahoo!知恵袋を使う、ユーザーにヒアリングするなど主に3つあります。

ツールを使う

ツールを使えばGoogleのサジェストキーワードの一覧を手に入れることができます。サジェストキーワードはGoogleの検索窓にキーワードを入力したときに出てくる検索候補で、皆さんおなじみと思います。多くのユーザーがそのキーワードと掛け合わせで検索しているキーワードをGoogleが入力候補として検索窓に表示しています（**図3-2**）。

図3-2　サジェストキーワード

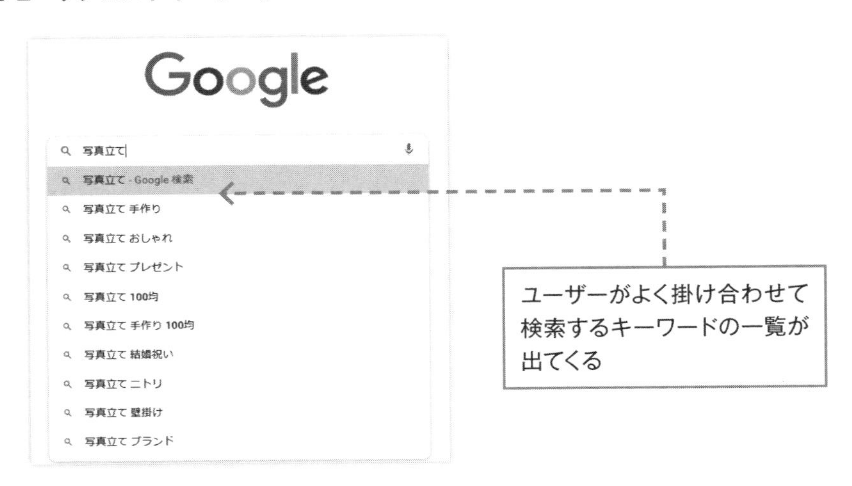

このサジェストキーワードは、ツールによって一括で取得することができます。そのツールが「ラッコキーワード」（https://related-keywords.com/）です（**図3-3**）。ラッコキーワードは無料プランも提供されており、ブラウザ上で誰でも利用することができます。

図3-3　ラッコキーワード

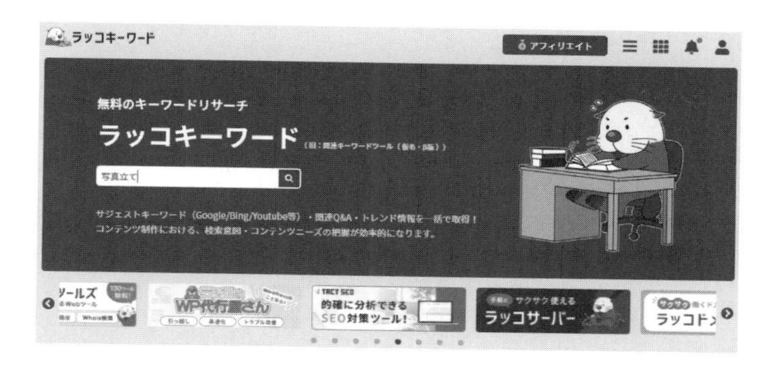

ラッコキーワードはログインしなくても利用できますが、無料プランだと、90ページで説明するキーワードプランナーのように検索ボリュームを把握できる月間平均検索数がないのがデメリットです。もっとも、商品ページのSEO戦略はニッチキーワード対策なので月間平均検索数がなくても大きな問題ではありません。月間平均検索数を把握して対策キーワードに優先順位をつけたい方は、ラッコキーワードでキーワードを抽出し、キーワードプランナーで月間平均検索数を調べてもよいでしょう。

ラッコキーワードでサジェストキーワード一覧を抽出したら、その中でお悩みキーワードを選出していきます（**図3-4**）。

図3-4　ラッコキーワードでお悩みキーワードを選出する

ラッコキーワード

ラッコキーワードに商品ジャンル名や商品名を入力

➡

サジェストキーワードの一覧

「写真立て␣おしゃれ」
「写真立て␣アルバム」
「写真立て␣ガラス␣割れた」
「写真立て␣ブランド」
「写真立て␣A4」
「写真立て␣割れる」
「写真立て␣2枚␣100均」
など多数

➡

お悩みキーワードを選出

「写真立て␣ガラス␣割れた」
「写真立て␣割れる」

このようにして対策するお悩みキーワードを把握します。しかし、この方法は「写真立て」のように検索する人が多いキーワードには有効ですが、**たとえば「味付きストロー」といった検索する人が少ない商品ジャンル名などのニッチなキーワードだとサジェストキーワードが少ないので、お悩みキーワードが出てきません。** サジェストキーワードがあまり出てこないキーワードでも、お悩みキーワードを探す方法を次に紹介します。

Yahoo!知恵袋を使う

「Yahoo!知恵袋」は、ユーザー同士が質問と回答によって知恵をやりとりする掲示板のようなものです（**図3-5**）。このサイトには、日常生活からニッチな趣味までありとあらゆる質問とそれに対する回答があふれています。

マーケティング的には、ユーザーの生の文章から、ユーザーは商品にどのような悩みがあるのか、ユーザーはどのような人なのかといったユーザーの具体像やニーズを知るツールとしても活用されています。

図3-5　Yahoo!知恵袋

Yahoo!知恵袋に商品ジャンル名や商品名を入力すると、多くの質問の一覧が表示されます（**図3-6**）。**Google検索と違い検索順位という考え方はありませんので、お悩みキーワードを見つけるために上から下まで、あるいは「次へ」をクリックして数ページ見ていきます。**

> **▶Yahoo!知恵袋の例**
> 「写真立ての落下を防止する方法やグッズがあれば教えてください！」
> 「写真が色あせにくい写真立てはあるんでしょうか？」

ユーザーが何を気にしているのかがわかります。これがお悩みキーワードとなるのです。あなたの会社の商品でユーザーの気がかりを解決できるのなら、それを商品ページの説明文に追加します。ニッチなニーズであってもECサイトのマーケットは日本全国ですから、同じ悩みを持つ人が検索エンジンで、あなたの会社のECサイトを見つけてくれるはずです。そして、大手ECサイトにはない、**あなたのECサイトにだけある商品や説明文を見つけることで「確信」が生まれるようになる**のです。

図3-6　Yahoo!知恵袋に商品ジャンル名や商品名を入力する

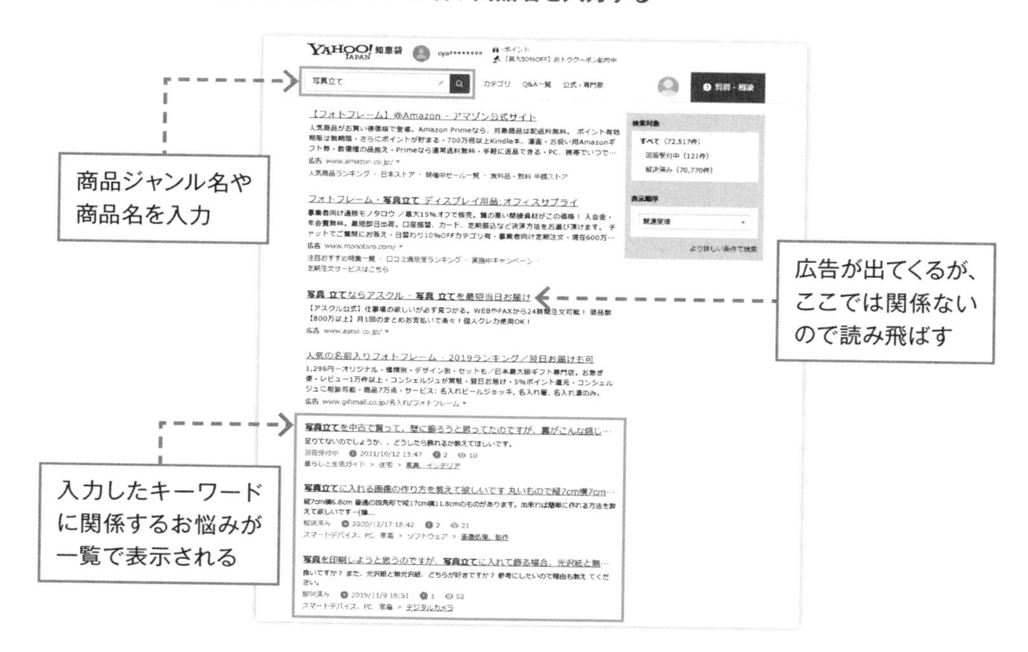

ユーザーにヒアリングする

もし商品を買ってくれたユーザーの声を聞ける機会に恵まれたときには以下のような質問をしてみてください。

[ユーザーインタビューの質問例]

- どうしてその商品が必要になったのか？
- どのように検索したのか？
- どのようにして、このECサイトにたどり着いたのか？
- なぜこの商品に決めたのか？
- 商品を使ってよかった点、悪かった点は？
- 商品を使ってみて、ECサイトに説明があるとよかったと思う訴求ポイントは？

これは「ユーザー行動調査」というCVRを高めるために使うWebマーケティング手法ですが、それを知らずともユーザーとコンタクトをとれるのなら誰でも実施可能です。ただし、ヒアリングを実施するときは、あなたの会社に好意的なユーザーだけに偏ってはいけません。**好意的なユーザーから、あまり好意的ではないユーザーまで、5～8人に対して実施して定性的なデータを収集します。**

特に以下の3つの質問が重要になります。

- **どのように検索したのか？**
- **どのようにして、このECサイトにたどり着いたのか？**
- **なぜこの商品に決めたのか？**

これらの質問は、いってみれば検索キーワードそのものです。これらの質問を行うときはPCかスマホを用意して、検索する様子を横から見せてもらえるとよいです。検索している最中に気になる点があれば、「いま、何でここをクリックしたんですか？」と声をかけてみるとよりよいです。

また、ぜひおすすめしたいのがユーザーに独り言をつぶやいてもらうことです。

▶被験者ユーザーの独り言

「写真立ては、以前持っていたのが棚から落ちて割れたから、ガラスが割れないものがいいな……Googleで検索してみるか、『写真立て␣割れない』と入力……」

このような調査をすることで、SEOで訴求すべきキーワードやECサイトに必要な商品説明文が見つかりSEO対策に結びつきますが、手間やユーザーへの謝礼費用もかかるので、キーワードを見つけるだけでなく、新商品の企画やECサイトの改善点を見つけるための調査と同時に行うのがよいでしょう。**ユーザーに独り言をお願いするのは一見奇異に映るかもしれませんが、Webマーケティングの調査手法の1つとして確立しているやり方で、効果は抜群**です。

3-4 商品タイトル文は SEOばかりに目を奪われてはいけない

対策すべきお悩みキーワードが見つかったら、それを商品ページにどう落とし込んでいけばいいでしょうか。

まず、商品のタイトル文です。中小規模事業者の場合、SEOばかりに注力してはいけません。言い換えると、タイトル文にSEOキーワードをいくつも入れる行為をしてはいけません。

たしかに、お悩みキーワードやニッチキーワードを見つけて、そのキーワードの検索順位に注力したいならタイトル文にキーワードを入れるべきですが、過剰にキーワードを入れると逆に売上が下がってしまうことがあります。

ECサイトで最も売上に貢献してくれるのは新規ユーザーではなくリピーターです。リピーターは、SEO経由ではなくECサイトのトップページにやってきます（**図3-7**）。

図3-7　新規ユーザーとリピーター

リピーターがトップページにやってきたとき、**商品タイトル文がSEOを意識しすぎたものだと商品が非常に探しにくい**のです。商品タイトル文の優先順位はSEOではなく、ECサイトのトップページからきたユーザーの探しやすさにすべきです。SEOだけを意識するとリピーターが煙たがります。

▶SEOだけを意識したわかりにくいタイトル文
割れにくい、おしゃれなフォトフレーム！ A3　木製　卒業記念　出産祝い　記念品　退職祝い　壁掛けタイプ

▶リピーターが探しやすいシンプルなタイトル文
ガラスが割れにくいタイプのフォトフレーム。記念品やギフトに！型番○○○○

購入検討しているユーザーのために型番や商品名も入れましょう。タイトル文の文字数上限はPCでは28文字です（140ページであらためて説明します）。タイトル文の文字数が全体で28文字をオーバーする場合は、SEOキーワードを28文字以内に入れるようにします。昨今、わかりにくいタイトル文だとGoogleが検索結果のタイトル文を書き換える可能性もあるので、**商品タイトル文はわかりやすくシンプルなものがよい**でしょう。

追加でSEOキーワードをタイトル文に入れるとしても1～2語程度に抑えておきましょう。追加したいSEOキーワードが商品タイトル文に入らない場合は、タイトル文で

はなく商品説明文やメタタグのメタディスクリプションにキーワードを入れます。

3-5 商品説明文のSEO対策

次に商品説明文です。先ほど説明した、お悩みキーワードを商品説明文に含めていきます。**Google対策のために機械的に文字を配置するのではなく、ユーザー目線に立ち、こちらからユーザーの悩みを提示し、それを解決するという文脈でキーワードを配置**してください。

▶SEOのみを意識した悪い商品説明文の例
従来のガラス板はどうしても割れやすいのですが、プラスチック板なので割れにくいのが特徴です。フォトフレーム　写真　結婚祝い　ギフト　おじいちゃん　おばあちゃん　感謝　メッセージ　ギフト　プレゼント　記念品　内祝い　おしゃれ

▶よい商品説明文の例
前面板にプラスチックを使用することで軽量かつ安全な仕様になっています。
高い場所からの落下や、誤ってモノがぶつかり衝撃があった場合にもガラス板と違い割れる心配がほとんどありません。小さいお子様やお年寄りのいるご家庭や、多くの人が集まる場所などで使用する場合にもガラス板よりも安全にご使用いただけます。
シンプルでありながら上品なデザインとなっているので、結婚祝いや出産祝い、内祝いなどのギフトにもよいですし、お祖父母様への感謝の気持ちを込めたプレゼントにも最適です。

いくらユーザーのお悩みキーワードを配置してもユーザーに気づいてもらわなければ意味がありませんから以下の3つを使います。

- ●太字を使う
- ●見出しタグ（h2、h3）を使う
- ●PCで3行書いたら改行する

こうすることで見やすさが変わります。

▶見やすい商品説明文の例

割れないプラスチック製

前面板にプラスチックを使用することで軽量かつ安全な仕様になっています。
高い場所からの落下や、誤ってモノがぶつかり衝撃があった場合にもガラス板と違い割れる心配がほとんどありません。

小さいお子様やお年寄りのいるご家庭に

小さいお子様やお年寄りのいるご家庭や、多くの人が集まる場所などで使用する場合にもガラス板よりも安全にご使用いただけます。

シンプルで上品なフォトフレーム

シンプルでありながら上品なデザインとなっているので、**結婚祝いや出産祝い、内祝いなどのギフト**にもよいですし、お祖父母様への感謝の気持ちを込めたプレゼントにも最適です。

いかがでしょうか。66ページのものと比べると読みやすさがずいぶん違うことがわかると思います。このような工夫をすることでスマホの小さな画面でもユーザーは気になる文言を見つけやすくなり、結果としてCVRを向上させることができるのです。

3-6 写真は最低でも10枚以上登録する

利用しているECカートシステムにより異なりますが、なるべく、1商品あたり写真を少なくとも10枚以上登録しましょう。単に写真の枚数を増やすだけでなく、写真に以下のようなバリエーションを持たせます。

- 引きの写真（全体）
- 接写（ディティール部）
- 実際に使用している様子（コーディネート例など）

たとえば商品が財布なら、

- 財布の表、裏、上部
- 財布の内側、ポケット、札入れ
- 素材感がわかるほどの接写
- ロゴの接写
- 財布の箱
- スーツやジーンズとのコーディネート例

といった具合です。

ロゴはブランドものであればユーザーが気にする部分ですし、箱はギフト目的のときに確認しておきたい部分です。ここまで写真を充実させられればあなたの会社のECサイトに価値ができます。**価値が高いサイトにはユーザーが集まり、その行動データが蓄積されることでECサイトのSEO状況も上向きます。**

また、高額商品や家具などサイズの大きいものを扱うECサイトでは、購入するかどうかユーザーのためらいは強くなります。その場合には訴求のための説明文やキャッチコピーを写真として入れるのもよい方法です。**図3-8**は、ニトリのECサイトの例です。

図3-8　ニトリの商品ページは訴求内容が写真になっている

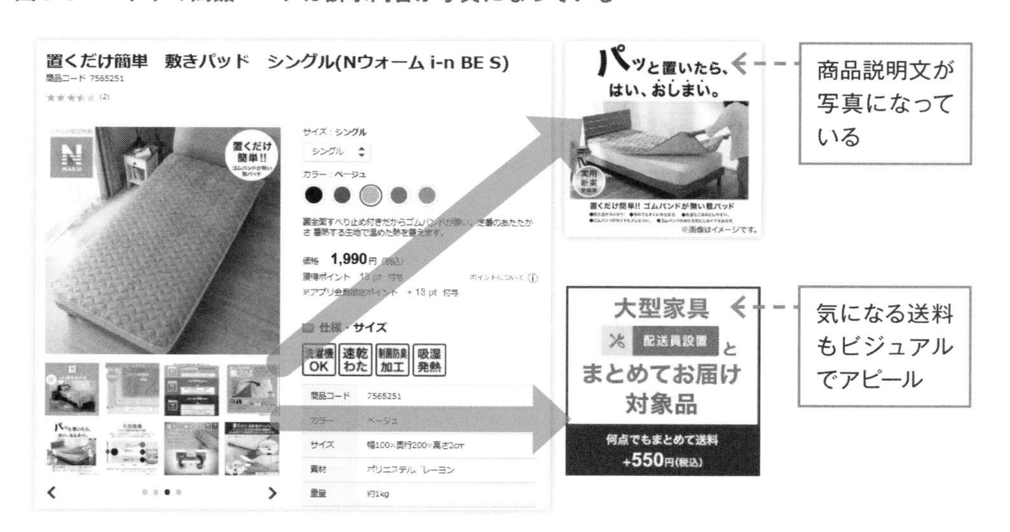

本来商品の説明文に書くべきことが写真でも表現されています。これには以下のメリットがあります。

- 商品説明文に気がつかないユーザーに訴求できる
- ユーザーに説明文を読ませるモチベーションになる
- 説明文が見にくいECカートシステムでも写真なら目立つ
- 特にスマホで説明文が見やすくなる

デザイン性を第一とするECサイトには向かないかもしれませんが、この手法は高額商品や家具などのほかにも利用可能なので試してみる価値はあります。

多くの写真を登録したり、写真の使い方にひと工夫入れることでECサイトの価値が高まります。大手ECサイトは商品が無数にあるため商品写真に力を入れるのはカンタンではありません。中小規模事業者にとってはチャンスとなります。

3-7 商品ページのメタタグはこう考える

タイトル文の書き方を65ページで説明しました。ここではメタタグのメタキーワード（meta keywords）とメタディスクリプション（meta description）について説明します。

メタタグは、もともとは検索エンジンに対して「このサイトはこういうことを書いています」と伝えるためのものであり、検索エンジンはメタタグを読み込んでサイト内容を理解し、検索結果に反映していました。Googleがページを理解する精度が高まり、メタタグがなくてもページを理解する能力が高まったことから意味が薄れており、設定しないサイトオーナーも多くなってきましたが、SEOで成果を出すのなら、いまでもしっかりと設定すべきです。ECカートシステムにはメタタグの設定項目があるはずなので、いままで意識していなかったという人は必ず設定するようにしてください。

メタキーワード

いきなり身も蓋もないことをいいますが、メタキーワードはGoogleのSEOにおいてまったく意味を成しません。かつて、メタキーワードを使って、以下のようにキーワードを詰め込む手法が横行しました。

▶過去に流行ったメタキーワードの入力例

フォトフレーム,写真立て,おしゃれ,ギフト,結婚祝い,内祝い,引退,記念,還暦,割れない,ガラス,白,黒,茶,A4,A3

世界中のサイトオーナーが、検索結果に引っかかるようにできるだけ多くのキーワードを設定したため、GoogleがメタキーワードをSEOの評価対象から外してしまったのです。いまでは、この項目を空白にする人が非常に多くなっています。

しかし、空白にするとSEO対策を実施するうえでキーワードの管理が困難になります。メタキーワードはSEOに効果がなくても、SEOで上位表示を狙っているキーワード1語を入力するようにしましょう。たとえば**複合キーワードで狙うなら以下で1語**となります。

▶正しいメタキーワードの設定
割れない␣フォトフレーム

よくある間違いは以下です。

▶間違ったメタキーワードの設定
割れない,フォトフレーム

これだと2語です。**複合キーワードの場合は、キーワードとキーワードの間に半角スペースを入れましょう。**

SEOの基本は1ページ1語です。どうしても複数のキーワードを設定しておきたい場合は、せいぜい2～3語程度にとどめてください。メタキーワード設定の目的はSEOキーワードの管理です。1ページに複数のキーワードを設定すると管理で苦労することになります。

少し脱線しますが、SEOで上位表示を考えるあまりキーワードばかりを意識するのはよいことではありません。かつてはキーワードを詰め込んだサイトが検索結果上位になった時代がありましたが、Googleが進化するにつれて、Googleはテキスト文章から、その裏に隠れているユーザーの悩みや意図を理解できるようになってきています。そのGoogleに対してキーワードの過剰表記はマイナス評価にしかなりません。

SEOで上位表示を狙うのなら、「価値を作ること」を念頭に置くべきです。「価値」を難しく考える必要はありません。世の中（インターネット上）にない情報を提供するだけでもそれは価値となるからです。「価値を作ること」を繰り返すことで、あなたの会社のECサイトを、ユーザーが、Googleが評価してくれるようになるでしょう。

メタディスクリプション

メタディスクリプションは、**図3-9**に示す検索結果の部分に表示するための項目です。

図3-9　メタディスクリプション

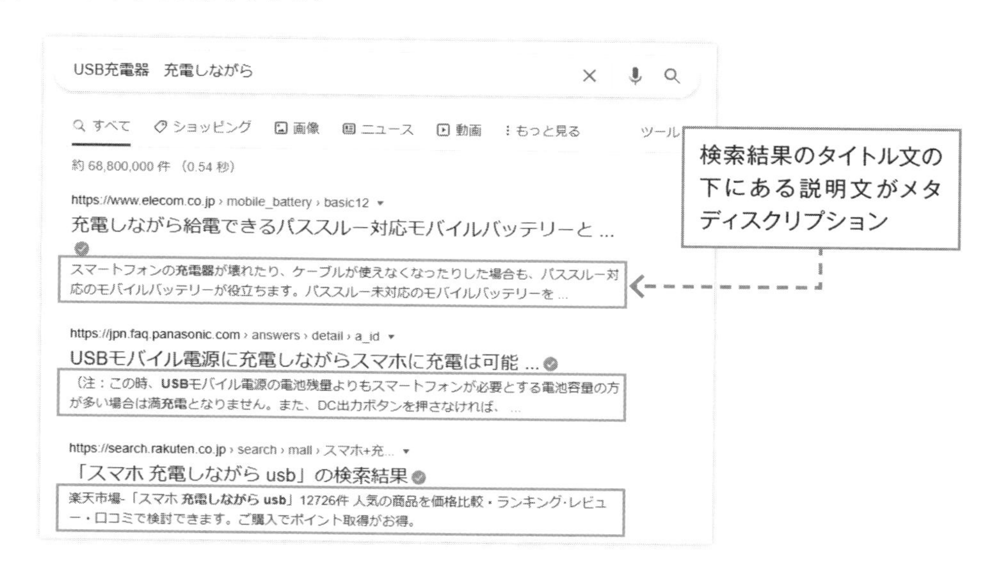

メタディスクリプションの文字数に厳密なルールはありませんが、80 ~ 120文字程度で商品の説明文を入れるのがセオリーです。検索結果に表示される部分なので以下の点を意識しましょう。

- タイトル文に入らなかったSEOキーワードを入れる
- 商品の特長を入れる
- キーワードを並べるのではなく、文章として入れる
- ウソはもちろん煽りのたぐいの文章も入れない

メタディスクリプションを創意工夫しても、GoogleがECサイトの対象ページに記載されている文章を検索結果に表示することが多くなり、せっかく設定したメタディスクリプションがあまり表示されないので、残念ながらメタディスクリプションの意味合いも薄くなってきています。とはいえGoogleがメタディスクリプションの内容をページを評価する際に考慮している可能性もあるので、しっかり書いておくべきです。SEO対策のためとキーワードばかりを詰め込むようなことは絶対にやめましょう。

メタキーワードとメタディスクリプションについては第6章であらためて説明します。

3-8 商品ラインナップの充実で、カテゴリーページで上位表示を狙う

大手のECサイトがSEOに強い理由は、単にドメインが強いからということだけではありません。商品のラインナップが充実している点も挙げられます。商品ラインナップとSEOの強さの関係はカンタンです。たとえばパーティードレスを検討するとき、多くのユーザーは数えるくらいしかパーティードレスを在庫していない店よりも、いくつもの種類、サイズ、色のバリエーションがあるパーティードレスの専門店で選びたいはずです。

商品ラインナップが充実しているECサイトのほうがユーザーの評価が高く、価値があるのでSEOでも評価されやすいのです。扱う商品が増えるほど労力がかかり、サイト運営の負荷も高くなりますが、ラインナップが豊富なお店はGoogleから評価されやすくなります。もし特定の分野において、あなたの会社のECサイトの商品ラインナップが大手サイトよりも充実しているなら、カテゴリーページやトップページで検索結果上位を狙うことができます。そのカテゴリーにおいては、大手にも勝る「専門店」として価値があるからです。

「パーティードレス」と入力してみてください。Amazon、楽天市場、ニッセンなどの大手事業者の面々が検索結果に出てきますが、パーティードレスの専門会社も2～3社がトップ10位以内に入っています。商品ラインナップが充実しているECサイトがSEOで上位を獲得することができるのです。

もし、あなたの会社が実店舗において専門店で、ECサイトでは限定された商品だけを扱っているという場合は、専門店の強みであるラインナップをECサイト上でも展開することでSEOにおいて有利な状況を作れます。ECサイトで商品を限定せずに販売することで、あなたの会社のECサイトはSEO上、非常に強くなるはずです。

もっとも、商品数が多くなればECサイトへの商品登録や商品管理はたいへんな手間になります。多くの商品ラインナップをECサイトで展開するのは費用も体制も必要になるので、ECサイト運営とSEOを総合的に鑑みて、あなたの会社の方針を考えてみる必要があるでしょう。

ファセットナビゲーションの意味と効果

商品数が多いECサイトは、「ファセットナビゲーション」の設置を検討することをおすすめします。SEOを大手に匹敵するくらい強化できる可能性があるからです。

商品ラインナップが充実しているECサイトにファセットナビゲーションがあれば、ユーザーは大量の商品から自分に合う商品を選びやすくなるメリットが得られます。ファ

セットナビゲーションは**図3-10**のようなメニューのことで、ラインナップが豊富なサイトで最適な商品やサービスを探し出すために条件を絞るのに使われます。ファセットナビゲーションは、数えきれないくらい選択肢がある旅行サイトや不動産サイトなどでよく利用されます。

図3-10　ぐるなびのファセットナビゲーション

ファセットナビゲーションの設置は、そのままSEO施策となります。たとえば「北海道␣温泉␣旅行」と検索してみてください。上位にファセットナビゲーションが出てきます（**図3-11**）。

図3-11　「北海道␣温泉␣旅行」で検索したときの検索順位1位は、旅行サイトのファセットナビゲーションで「北海道」と「温泉」を選択したときのページ

カンタンにいうと、**ファセットナビゲーションの検索結果がGoogleにカテゴリーページとして認識されている**のです。商品バリエーションが多いECサイトでは、カテゴリーの設定は非常に重要です。**ファセットナビゲーションを利用することで、いろいろな切り口のページを作ることができ、それがGoogleからカテゴリーページとして認識されます。**

たとえば以下のようなファセットナビゲーションがあったとしましょう。

サイズ	価格
60センチ	5,001円～10,000円
100センチ	10,001円～30,000円
120センチ	30,001円～50,000円
150センチ	

単純に考えると、4×3で12種類のカテゴリーページが存在し、**それぞれがGoogleにカテゴリーページとして認識される**のです。商品ラインナップが充実しているECサイトではファセットナビゲーションを設置するだけで無数のSEO対策ページが存在することになるので、**SEOのロングテール対策に非常に有用となります。**ファセットナビゲーションを検討したい場合は、楽天市場など大手ECサイトに実装されているので参考にしてみましょう（**図3-12**）。

楽天市場のファセットナビゲーションは、楽天市場にやってきたユーザーが無数の商品の中から目的のものを絞り込むために設置されているものですが、SEO施策としてもしっかり最適化されています。

たとえば、Googleで「本棚␣幅100センチ」や「本棚␣10,000円以内」と検索すると、上位に楽天市場のファセットナビゲーションによる絞り込みの検索結果が表示されます。メジャーECサイトの楽天市場はGoogle検索に頼らずとも莫大な売上があるはずですが、Google検索からもしっかりSEOで露出してさらに売上を高めているのです。このようなファセットナビゲーションによるSEO対策は、楽天市場に限らず大手のECサイトや旅行サイトでは必ずといっていいほど行われているものです。

図3-12　楽天市場のファセットナビゲーション

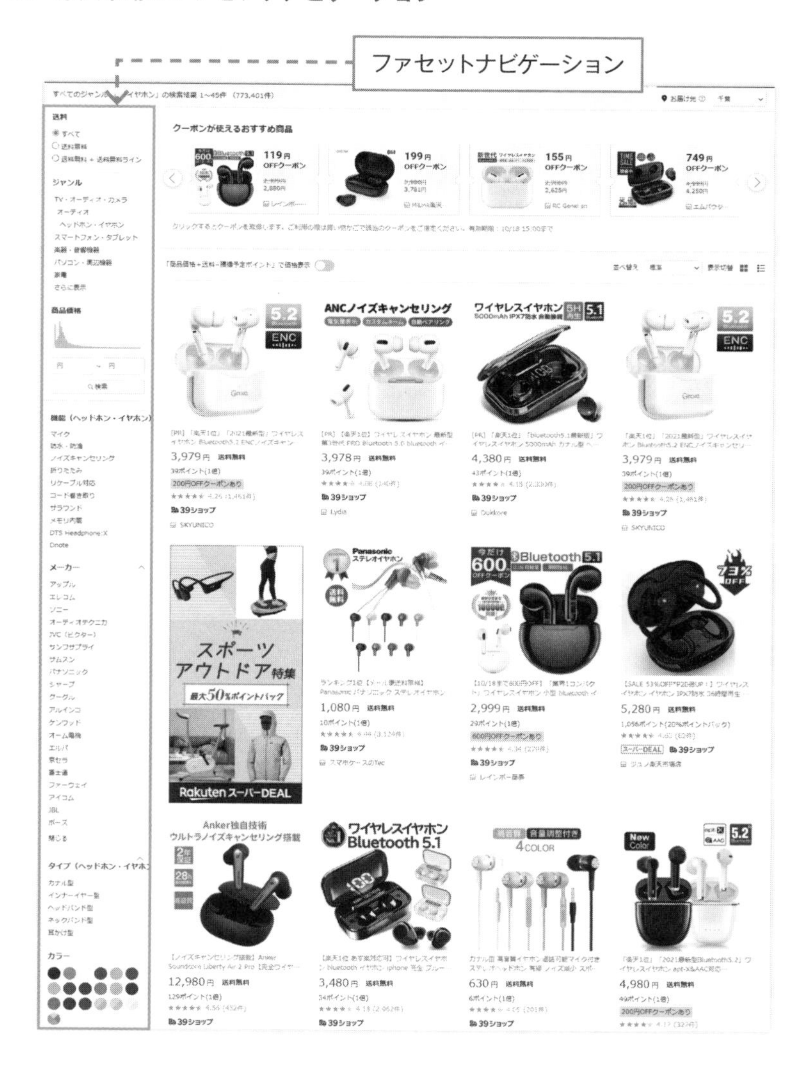

ただし、ファセットナビゲーションで気をつけたい点があります。それはページの重複です。たとえば以下のようなSEOに注力しているECサイト内のブログ記事があったとします。

> **▶ブログ記事**
> ［2022年版］メンズトレーナーの人気ランキング

ファセットナビゲーションの項目に以下のような「人気」という項目があったとしたらどうなるでしょうか。

▶ファセットナビゲーションの項目
メンズ　トレーナー　人気

ブログと、ファセットナビゲーションが生成したカテゴリーページの2つのページが似たようなページになってしまい、本来はブログ記事を上位表示したいと思っていても、ファセットナビゲーションの検索結果が上位に表示されてしまう場合もあります。どれを表示させるべきかGoogleを混乱させてしまっているわけで、SEOによい状態とはいえません。

このようにファセットナビゲーションは多くのカテゴリーページを生み出してしまうので、カテゴリーページとは別に意図的に狙っているSEO対策のページがあれば、ファセットナビゲーションで生成されるページを削除するなどの工夫が必要となります。

また、**ファセットナビゲーションが生成したカテゴリーページをSEOコンテンツとして力を入れたい場合は以下を実施してSEO対策を強化**してみてください。

- XMLサイトマップにカテゴリーページを登録する
- ECサイトのメニューにそのカテゴリーページを含める
- ランディングページなどで「よく検索されているキーワード」としてカテゴリーページを紹介する

このようにファセットナビゲーションで作られるカテゴリーページに対策を施して露出を上げることでGoogleからカテゴリーページが強く認識されて、SEOで上位になれる可能性が高まります。

ファセットナビゲーションを使ったSEO対策は上級者向けです。また**ファセットナビゲーションを搭載しているECカートシステムでなければ実施できません**し、何より商品ラインナップが充実しているECサイト向けのやり方ですから、ご自分のECサイトの状況によっては参考程度にとどめてもらってもOKです。

3-9 商品ページのURLを正しく扱う

ECサイトのURLは商品一覧や商品ページによって数多く存在しますから、Googleが認識しやすいように配慮する必要があります。ここでは、「Google検索セントラル」(https://developers.google.com/search/docs/advanced/ecommerce/designing-a-url-structure-for-ecommerce-sites)に示されている例を参考にしながら、いくつかのURLの注意点について説明します。

意味がわかるURLのほうがGoogleは理解しやすい

URLは番号や記号よりも、URL自体で意味がわかるもののほうが、Googleが商品を正しく理解できる可能性が高まります。

Google推奨

```
/product/black-t-shirt-with-a-white-collar
```

Google非推奨

```
/product/3243
```

URLパラメータを正しく使う

URLパラメータを使うことでGoogleがサイトの構造を把握し、より効率的にクロールとインデックス登録を行うことができます。**URLパラメータは「?value」ではなく「?key=value」を使います。**

Google推奨

```
/photo-frames?page=2
/t-shirt?color=green
```

Google非推奨

```
/photo-frames?2
/t-shirt?green
```

また、同じパラメータを2回使用しないようにします。プログラムでは、同じパラメータに複数の値を設定すると、最後の値だけを認識してしまうことがあります。Googleに URLを誤認識させないように、以下のようにカンマ区切りで値を設定します。

Google推奨

```
?type=candy,sweet
```

Google非推奨

```
?type=candy&type=sweet
```

URLのパラメータは一時的なものではなく、永続的なものを利用し、同じページに複数のURLが発生するようなことは避けるようにしてください。たとえば、URLのパラメータに時刻を設定したり、システムが自動生成する値やユーザー相対値（ユーザーの利用するブラウザ情報によって自動で生成される値）を利用しようとすると、URLの有効期限が短くなったり、同じページのURLが複数作られる原因となります。そのようなURLはGoogleの混乱を招きます。

Google推奨

```
/t-shirt?location=UK
```

Google非推奨

```
/t-shirt?location=nearby
/t-shirt?current-time=12:02
/t-shirt?session=123123123
```

商品にバリエーションがあるときのURL設定方法

たとえば、商品のTシャツにブルーとグリーンのバリエーションがあるとします。個別のURLを使用する場合、Googleは以下のいずれかの使用を推奨しています。

Google推奨

```
/t-shirt/green
/t-shirt?color=green
```

商品のバリエーションの識別にオプションのパラメータを使用している場合は、**パラメータを除いたURLを正規URLとして使用します。** たとえば、Tシャツのカラーのデフォルト値がブルーの場合に、さらにパラメータで「?color=blue」を使ってしまうと、Googleからはデフォルト値と「?color=blue」で同じページに複数のURLが存在すると見えてしまうことがあります。それを防ぐためにも以下のようにデフォルト値に関してはパラメータを設定しないようにします。これによりGoogleが商品バリエーション同士の関係をより把握できます。

Google推奨

```
/t-shirt
```

Google非推奨

```
/t-shirt?color=blue
```

Google検索セントラルでは、Googleが商品を認識しやすいURLの表記について説明されています。あなたの会社のECサイトのURL表記やパラメータと比較して設定を確認してみることをおすすめします。

ただし、商品数があまりに多いECサイト、あるいはECカートシステムによっては推奨されているURLにできない場合もあります。Googleの推奨が絶対ではないことを頭に入れておいてください。

3-10 販売終了した商品ページは削除すべきか？

商品ページを訪れたとき、お目当ての商品が在庫切れだったら誰でも落胆します。ある商品ページで商品の在庫が長い間ないとなれば離脱を生むので、ユーザー行動が悪くなるのは間違いありません。そのため競合他社に対して相対的にGoogleの評価が下がると予想されます。ECサイトの運営はSEOのためにあるわけではありませんが、在庫切れがECサイトにとってよいわけがありません。

Amazonや楽天市場内の商品検索において在庫のステータスは検索結果を決めるのに非常に大きな要素となります。**Googleの場合は、いまのところ在庫切れと検索ランキングに相関関係はありません**が、ユーザー行動に悪影響となるのはまぎれもない事実です。

在庫切れに関連して販売終了についても考えてみましょう。

販売終了した商品ページは、ECサイト全体のSEOの観点でいえば残しておいたほうがいいに決まっています。仮にSEOで上位表示でないとしても、作り込んだ商品ページがあれば一定数の流入が定期的に発生するからです。しかし、ユーザーが商品ページにたどり着いても商品がなければ離脱するのが普通ですからユーザー行動は悪くなります。
販売終了した商品ページの運用方法は以下の4つが考えられます。

販売終了した商品ページを削除する

この方法も悪くはありません。ECサイト運営が数年続けば販売終了する商品はいくつも出て、それらをすべて残しておくと見栄えがよくありませんし、何より「このサイトは売っているものがほとんどない」とユーザーにみなされるのは絶対に避けたいところです。

ただし、**商品ページを削除するときに意識してほしいことがあります。それは、新規の商品ページを別途作る**ということです。ページの数でECサイトの規模をとらえたときに、決して規模を縮小していく動きにしないようにしてください。GoogleがECサイトをクロールするときに、サイトの規模が小さくなる印象を与えるのはSEO上よくないからです。1ページ削除するなら、あわせて1ページ以上作ることを意識してください。

また、販売終了で削除したページがある場合、いきなりトップページやカテゴリーページに遷移させるのではなく、ユーザーを驚かせないよう該当商品は販売終了した旨をしっかり伝えてからページ遷移を行うようにしてください。

販売終了したページをそのまま残しておく

この場合は、商品ページに販売終了した旨を明示し、代替商品のURLなどを紹介するようにしてください。販売終了した商品のページを残しておくことはユーザー行動が悪くなりますが、一方で残しておけばSEOでの流入が一気に消失することにはなりません。削除するのと残すのと、どちらがよいかは一概にはいえません。新しい商品の仕入れ状況やECサイト運用面の負荷を考えて選択するべきだと筆者は考えます。

販売終了した商品ページを編集して似たような商品を掲載する

販売終了した商品ページに手を加えて、ほかの似たような商品を掲載します。この方法は、以下の3つの点を満たしたECサイトでのみ実行できます。

- **対象の商品ページのSEO流入が多い**
- **ECサイト全体で扱う商品数が限られている**
- **ほぼ同じ商品を扱っている（今後、扱う予定である）**

せっかく商品ページのSEOで効果があったのに、販売終了にともないページを削除するのは口惜しいことです。もし後継となる商品がある場合は、新たに商品登録して新規ページを作るよりも既存のページを使ったほうがよいでしょう。ただし、ブックマークするなど繰り返し購入しているユーザーがいた場合は、同じURLで違う商品が出てくることになるので、必ず「○○商品は販売終了いたしました。新たな後継の商品が××となります」と断りを入れましょう。

また、ECサイトが出荷情報を生成する場合やシステム連携を行っている場合などはこの方法を利用できないこともあります。商品数が少ないECサイトや小規模事業者のみ可能な選択肢となります。この方法は一般的なECサイトの運営方法からはかけ離れているので、ユーザーに与える違和感を減らすことや、出荷情報との連携などをしっかり確認してから実施する必要があります。

販売終了した商品ページを、ほかの商品ページにリダイレクトする

ECサイトの機能に依存しますが、もしリダイレクト設定が可能なら、この方法は商品ページにアクセスしてきたユーザーをほかのページに強制的にリダイレクトさせます。ユーザーからするといきなり別のページに誘導されるわけですから、まったく関係ないカテゴリーの商品であれば不審に思うはずです。この方法も販売終了した商品の後継商品でなければユーザー行動を悪くしてしまいます。

また、**リダイレクトを多用するのはECサイトの運用によくありません。** たとえば、商品Aのリダイレクト先が商品Bとしましょう。後日、商品Bが販売終了し、商品Cをリダイレクトしたときに、商品Aにアクセスしたユーザーが「リダイレクトのリダイレクト」という状態になり、保守しにくいサイトになってしまいます。ECサイトを数年にわたって運営すれば担当者が代わることもあるので、リダイレクトばかりすると後任者が苦労するはめになり、この方法はあまりおすすめできません。

ちなみに、**リダイレクト設定では必ず「301リダイレクト」を実施する**ようにしましょう。リダイレクトの種類はいくつかありますが、EC担当者が頭に入れておくリダイレクトは**図3-13**の2つです。

図3-13　301リダイレクトと302リダイレクト

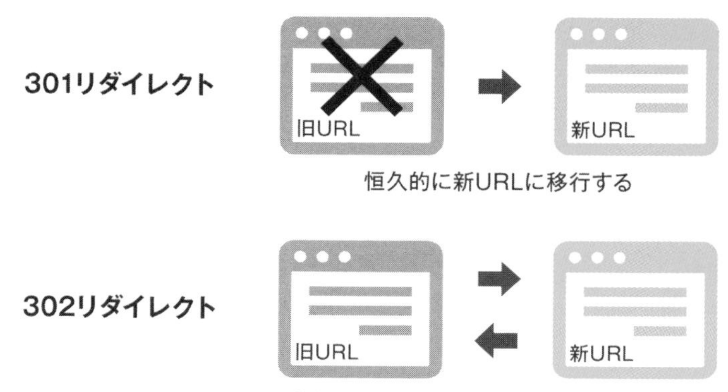

リダイレクトの種類によってGoogleの認識も変わります。301リダイレクトであれば新しいページを評価することになりますが、302リダイレクトは一時的なリダイレクトなのでGoogleは古いページを評価します。

サイトのメンテナンスなどを除けば301リダイレクトを利用するのが主流です。ただし、SEO目的のためだけに、まったく関連性のないページに301リダイレクトを行った場合、Googleはそれを感知して「ソフト404エラー」(ページが存在しないときのエラー)扱いに実質的にしてしまいます。関連性のないページにSEOの評価をわたすような行為は意味がないのでやめておきましょう。

 販売終了したページの扱いに答えはない

商品数が少ない場合は、「販売終了した商品ページを編集して似たような商品を掲載する」や「販売終了した商品ページを、ほかの商品ページにリダイレクトする」方法で商品ページの上書きをしたりリダイレクトを使うのもよいのですが、扱う商品が無数にあるECサイトの場合は、やはり「販売終了した商品ページを削除する」か「販売終了したページをそのまま残しておく」かのどちらかになります。

SEO上の明確な答えはありませんが、あえて答えを出すとするなら、**ECサイトはSEOのためだけにあるわけではありませんから、あなたの会社のECサイト運営を考えて負荷のかからないものを選択すべき**、ということに落ち着くと思います。

Chapter 4

ブログ施策を実施するための準備

Chap. 4

ブログ施策を実施するための準備

ここからは、SEO効果を最大化するためのブログ施策について説明します。まずこの章ではブログ施策を実施するためには、どのブログCMSを使い、どうECサイトにブログを設置し、どのようにしてSEO対策キーワードを選ぶか、という準備について説明します。
ブログ記事の書き方を学ぶ前に必ず目を通してください。

4-1 ブログでSEOに取り組むなら

ブログを使ってSEO対策に取り組む場合は、まずブログをどのようにしてECサイトに設置するかを検討しなくてはなりません。ECサイトにかかわらず、ブログにはCMS（コンテンツマネジメントシステム）と呼ばれる、記事を投稿し管理するシステムが必要になります。

ECサイトにブログを設置する方法は以下の3つに分かれます。

- ECカートシステムに実装されているブログ機能を使う
- ECサイト外にブログを設置する
- **ECカートシステムとWordPressを連携する**

筆者が推奨するのは3番目です。なぜECカートシステムとWordPressの連携がよいのか。上記のそれぞれの方法をSEOの観点から説明していきます。

ECカートシステムに実装されているブログ機能を使う

ECカートシステムに搭載されているブログ機能を使うだけですから、**実行が最もカンタンな方法**です。すぐ始められることが最大のメリットで、費用もかからず、ブログを設置するための特別な知識や経験も必要ありません。また、ECサイトと同じドメインになるのでSEOに有利に働きます。

ブログ機能は、ECカートシステムによっては「フリーページ機能」「ニュース記事機能」

などの名称になっていますが、どちらであってもブログとして利用可能です。

デメリットは、**ECカートシステムに搭載されているブログ機能は機能性、デザイン性において貧弱で、システム的な縛りが多くあること。** 現在のSEOは、コンテンツの内容だけでなく、ユーザーから見て「使いやすい」「記事が読みやすい」といった点も重要な要素となるので、ECカートシステムに最初から実装されているブログ機能では不安が残ります。仮にECカートシステムのブログ機能でSEOに成功できたとしても、そこからCVに結びつける施策をカスタマイズしていきたいときなどにECカートシステム付属のブログ機能だとできることが限られてしまいます。

ECサイト外にブログを設置する

ECサイト外とは、ECサイトと別のドメインでブログを設置することです。この方法のよいところは、ECカートシステムの影響を受けずに、自由にブログを設置できる点です。筆者がすすめるWordPressの設置も自由に行うことができます。

一方で大きな問題があります。**ブログでSEOに取り組む場合、成果を少しでも早く出すためにはGoogleがすでに認識している（あるいは認識しやすい）ECサイトと同じドメインでブログを運営すべき**であり、ECサイトと別のドメインでブログを立てるとゼロスタートとなるため、SEOの成果を出すのに時間がかかってしまいます。

ECサイトの運営歴が数年以上ある場合、GoogleはECサイトを認識しており、クローラーはECサイトを日に何度も訪れています。**Googleが認識しているドメインで（ECサイト配下で）ブログ記事を書いたほうが、ブログ記事が早く認識されて成果を出すまでの時間をショートカットできます。**

システム的な理由からECサイトにブログを設置できなかったり、あるいはGoogleからSEOに関するペナルティを受けている場合に使う方法といえます。

ECカートシステムとWordPressを連携する

筆者は、SEOの成果を最も早く出せる方法として推奨しています。WordPressは、SEOを成功させている事業者や個人が世界中で使っている世界一のブログCMSで、実績が断トツです。WordPressはオープンソースで誰でも無料で利用でき、ユーザーが世界中にいるため無料のプラグインやテンプレートが無数に提供されています。そのため**最新の機能や最新のブログテンプレートをITエンジニアやデザイナーに頼らずとも、ボタン1つでEC担当者が自由に設定することができます。**

有名ECカートシステムではWordPressとの連携サービスをオプションとしていることが多く、**ECカートシステムによって異なりますが、月々数千円のオプション料金を支払えばECサイトと同じドメインでWordPressを使えます。** ECカートシステムの担当者にWordPressの利用について聞いてみましょう。

また、中・大規模向けのパッケージやスクラッチでECサイトを作っている事業者は、**「リバースプロキシ」という設定を行うことで、ECサイトとWordPressを、実際は別々のサーバーでありながらユーザーから見ると同じドメインで設定することも可能**です。リバースプロキシの設定は本書では説明しませんが、インフラエンジニアなどの専門家にとっては難しいことではないので、社内にエンジニアがいる場合は相談してみてください。

将来の乗り換えをあらかじめ見越しておくこと

ECサイトにブログを設置するときに気をつけてもらいたい点があります。ECサイトが順調に売上を重ねて成長すれば、バックエンド作業の効率化のためにより高機能のECカートシステムへの乗り換えが必ず発生します。SEOの観点から要注意なのが以下の3つです。

- ドメインを新しいECカートシステムに引き継げるのかどうか
- 商品ページのURLは引越し先のシステムでも同じURLにできるのかどうか
- ブログ記事の引越しは可能かどうか

EC業界にはECカートシステムを乗り換えてから売上が激減するEC事業者もおり、それはSEOを引き継げないことが大きな原因になっています。

ECサイトの売上が伸びたのに、ECカートシステムの乗り換えによってSEOに弱くなり売上も下がるなどという事態にするわけにはいきません。これからECカートシステムの利用を始めるという場合は、数年後の引越しを見越してECカートシステムベンダーにヒアリングする必要があるのです。

4-2 フリーブログはSEO目的では使ってはいけない

芸能人などがよく利用している著名なフリーブログがいくつかありますが、これはSEO目的では利用すべきではありません。SEOにはまったく向いておらず、あくまで日記的に使うブログプラットフォームといえます。

フリーブログは、多くのユーザーが利用しているため**SEOよりもサイト内回遊を意識した構成やデザインになっています。**また、いまのSEOは「使いやすさ」「見やすさ」という点が間接的に重要で、**フリーブログは広告が多くSEOに適していません。**

さらに、フリーブログはSEOに致命的な点があります。たとえばフリーブログで「USB扇風機」についての記事をSEO目的で書いたとしましょう。メジャーなフリーブログは数百万人以上の会員を抱えているため、すでに「USB扇風機」について記事が書かれている可能性が高く、また**フリーブログはドメインをほかのユーザーと共有しているためGoogleからあなたが書いた記事を発見してもらいづらい**のです。いまからフリーブログで「USB扇風機」で検索結果上位をとろうとしても、フリーブログ内には多くの「USB扇風機」の記事があるため、フリーブログ会員の中で「USB扇風機」について最も質の高い記事を作り上げてはじめてほかのドメインと勝負できる状況です。独自ドメインのブログと比べて険しい勝負が1つ多い状況なのです。

もっとも、デメリットばかりではありません。SEOに関係のないコンテンツを作りたい場合に、独自ドメインから切り離して運営できる点は非常によいといえます。カンタンに始められることから、「店長の独り言」のような日記コンテンツとしてECサイトのコアなファンと交流する場としてはおすすめできます。

4-3 WordPressは最強のブログCMSだがデメリットも

筆者のクライアント企業には、WordPressを使わずにSEOに成功している企業も多くあります。SEOにおいてWordPressの利用が必須というわけではありません。ですから、何らかの理由でWordPressを利用できない場合も心配無用です。

WordPressがSEOに強いのではなく、「機能実装が容易」「デザインが豊富」「ITエンジニアが不要」という点においてすぐれているのであり、ユーザーファーストのブログ機能やテンプレートを使うことができるから間接的にSEOに強いのです。それがほかのブログCMSでも実現できるのであればWordPressでなくても問題はありません。

それでも筆者はクライアント企業の新しいプロジェクトで、**ゼロからSEOを実施する場合、少しでも勝率を高めるために極力WordPressを利用します。** SEOのアルゴリズムをGoogleは公開していません。ブラックボックスですからSEOが成功する保証はありません。絶対的に正しいルールがわからない以上、少しでも勝率が高いWordPressを利用すべきだと考えています。

しかし、**WordPressにも大きなデメリットがあります。それはセキュリティです。WordPressはオープンソースプログラムであるためプログラムコードが公開されており、ハッキングされやすいシステム**なのです。金融機関など厳密なセキュリティが求められる業種でWordPressが利用されることはほとんどありません。

セキュリティ上の危険性を減らすために、WordPressを導入したら、WordPress本体と導入したプラグインの更新をしっかり行う必要があります。サーバー選びも大切です。残念ながら、よくあるレンタルサーバーでは実はハッキングが非常に多いのです。筆者のクライアントも過去にサイト改ざんの被害にあったことがありました。

小規模事業者であれば、**筆者がおすすめするのは「エックスサーバー」**です。絶対とはいえませんが、ほかのレンタルサーバーよりもセキュリティが強固なのが特徴で、筆者自身も一度もハッキングを受けたことがありません。WordPressを導入するなら、しっかりしたレンタルサーバーを選ぶこと、常にシステムの更新を行うことは必須となります。

4-4 ブログ名の2つの考え方

もし「ECカートシステムに実装されているブログ機能を使う」を選択してECサイト内にブログを設置する場合は、ブログ名を意識せずカテゴリー名を「お役立ち記事」「ブログ」「コラム」などのようにするだけでよいでしょう。

ECサイトとブログのドメインを分ける場合は、ブログ名を考える必要があります。ブログ名にはルールはありませんし、いまは「こういうブログ名だとSEOに有利」という考え方もありません。ただし、SEOのビッグキーワードや有望なキーワードで検索順位1位をとりたいからといって、以下のようにブログ名にビッグキーワードを含めるのはおすすめできません。

[ブログ名のダメな例]

- サプリメント徹底比較ブログ
- 英語教材学習ブログ
- 枕や布団の徹底比較解説ブログ

このような名前のブログは、ユーザーが「怪しそう」「マッチポンプで書いてそう」と警戒します。このような名前ではユーザーに期待を与えられませんし、ブックマークもされにくいものです。ブログ名は以下の2つの軸で考えてみてください。

自社ECサイトの名前をつける

たとえば「forUSERSネットショップ」というECサイトであったなら以下のような具合です。

- forUSERSネットショップブログ
- forUSERSブログ
- forUSERSメディア

つまり、あなたの会社のECサイトの名前をブランディングするために使います。ブログ名はあれこれ考え出すとけっこう時間がかかるので、そこまでこだわりがないという方は、ECサイトのショップ名やブランド名を使うとよいでしょう。**ブログが力を持てばECサイト名で検索してくれる人が増え、結果的にGoogleにも強く認知される**ことに結びつくからです。

愛着のあるキャッチーな名前をつける

ユーザーに覚えてもらいやすい名前をつけてブログを運営します。ブログ運営における思いや熱意を名前に落とし込むのもよいと思います。このあたりはペットに名前をつける感覚と似ているかもしれません。

筆者はブログ名にはECサイトやブランドの名前をつけることをおすすめしていますが、もし独自のこだわりがあり、そのブログ名で情熱を持てるのであればそれが一番だと思います。ただし、いくらこだわりがあるからといっても覚えにくいブログ名やユーザーの誤解を招きそうなブログ名、難解な外国語の表記などは避けるべきです。

4-5 アクセス数が集まるブログと、そうでないブログの違い

コンテンツが推敲を重ねて作り込まれたものであっても、なかなかアクセス数が集まらないブログというのがあります。**図4-1**のグラフを見てください。

図4-1　アクセス数が集まらないブログの推移

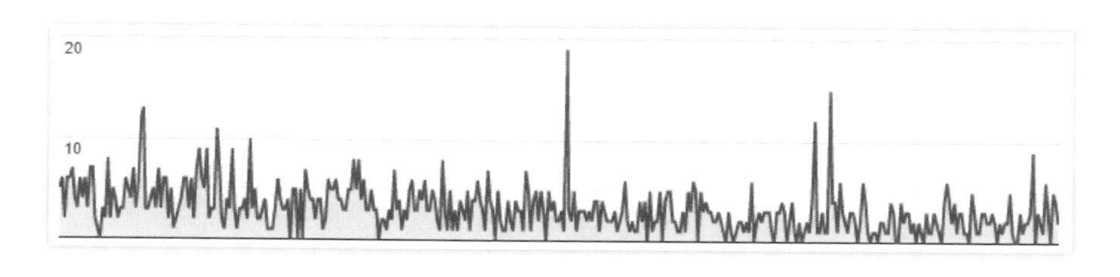

アクセス数が集まらないブログは、**日に数アクセスしかなく、その状況がいつまでたっても変わらないブログ**です。このようなアクセス数の状況では、ブログ記事を更新し続けないとアクセス数はさらにジリ貧になっていきます。

逆に、アクセス数が集まるブログは**図4-2**のような推移をします。

図4-2　アクセス数が集まるブログの推移

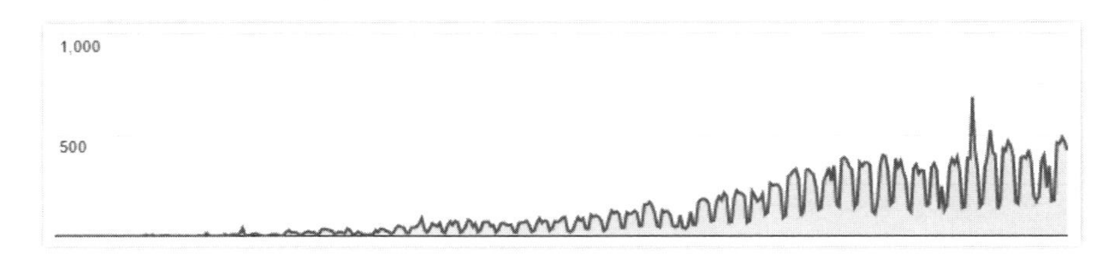

図4-1とは対照的に右肩上がりにアクセス数が集まっており、アクセス数自体も日に数百以上あります。成功するブログのアクセス数は、このような右肩上がりの推移をたどります。

なぜこのような違いが出るのでしょうか。一番の要因は、**図4-1はキーワードを意識しておらず書きたいことを書いているブログで、図4-2はユーザーの知りたいことを書いているブログ、つまりキーワードを意識しているブログ**ということです。

広告や宣伝を使わずにアクセス数を集めるにはユーザーが求めていることを書かなくてはいけません。ユーザーは毎日何らかのキーワードを入力してGoogle検索を行っています。**アクセス数を集めるにはユーザーが日々検索するキーワードについて記事を書かなくてはいけない**のです。

では、ユーザーが日々検索しているキーワードをどのように把握すればよいのでしょうか。それにはキーワードを調査するためのツールを使います。

4-6 Googleキーワードプランナーでキーワードリストを作る

「Googleキーワードプランナー」は、Google広告の1機能で、検索キーワードや検索数を調査するためのツールです。

Googleキーワードプランナーは Google広告を利用しないと使えません。月に予算1,000円でもよいので、手間のかからないテキスト広告などをGoogle広告で実施してみてください。Google広告の利用方法について不安に思う必要はありません。Google広告のサポートセンターに電話すれば担当者が利用方法を一から丁寧に教えてくれます。ECサイト運営でGoogle広告の知識やノウハウが無駄になることは1つもありませんので、まずはGoogle広告を利用してみましょう。

Googleキーワードプランナーで、ブログのネタとなるキーワードリストを作る方法を3つのステップに分けて説明します。

ステップ❶ ECサイトで扱う商品の中から中心のキーワードを3つ考える

アクセス数さえ集まればキーワードは何でもよいわけではありません。たとえば健康食品に興味があるユーザーを「枕のECサイト」に集客しても枕はほとんど売れないのは当たり前ですよね。あなたの会社で扱う商品が枕なら枕を探している、あるいは睡眠に悩んでいるユーザーを集めなくてはなりません。

それではまず、あなたの会社のECサイトで扱う商品の中心キーワードを3つ考えてみてください。**中心キーワードは、扱っている商品のカテゴリー名や商品ジャンル名、扱っているサービスのテーマで考えます。** 以下の3つの例を参考に考えてみましょう。

[寝具のECサイトの場合]

- キーワード❶ ➡ 睡眠
- キーワード❷ ➡ 枕
- キーワード❸ ➡ 布団

[アパレルのECサイトの場合]

- キーワード❶ ➡ ジャケット
- キーワード❷ ➡ シャツ
- キーワード❸ ➡ ジーンズ

[パーティードレスのECサイトの場合]

- キーワード❶ ➡ パーティードレス
- キーワード❷ ➡ 結婚式ワンピース
- キーワード❸ ➡ お呼ばれドレス

この3つは、キーワードリストを作るための中心キーワードです。もし中心となるキーワードがいくつも出てきた場合は、あなたの会社の注力商品から優先して考えてみてください。

逆に3つ出ない場合は、まずは1つだけでもかまいません。中心キーワードはあとから追加することもできます。

ステップ❷ Googleキーワードプランナーに中心キーワードを入れてみる

Google広告にアクセスしてメニューからGoogleキーワードプランナーを選択します（**図4-3**）。Google広告はGoogleアカウントがあればログインできます。

図4-3　Googleキーワードプランナーを選択する

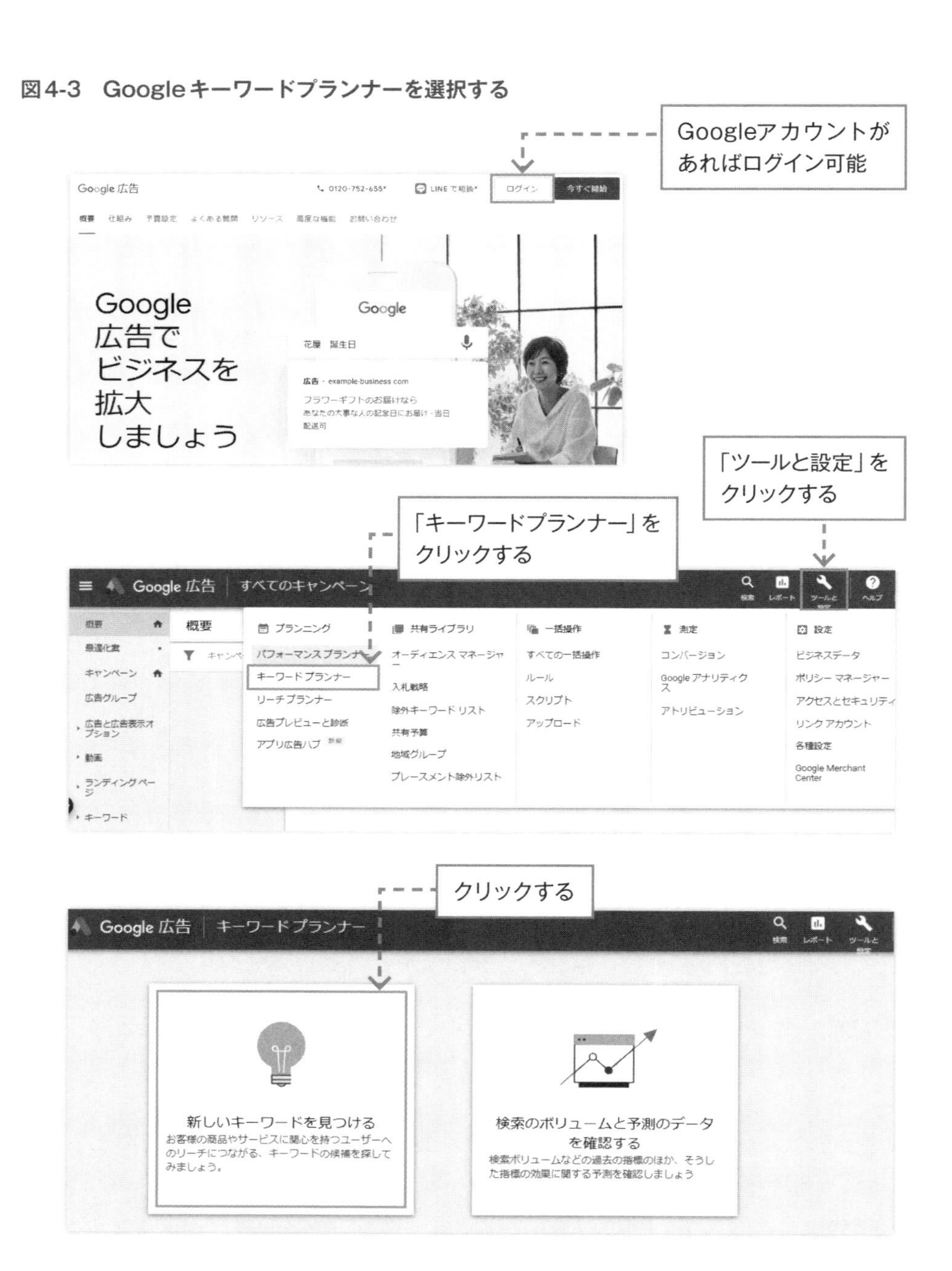

先ほど考えた中心キーワードの中から1つピックアップして、Googleキーワードプランナーに入力してみましょう（**図4-4**）。

図4-4　Googleキーワードプランナーに中心キーワードを入力する

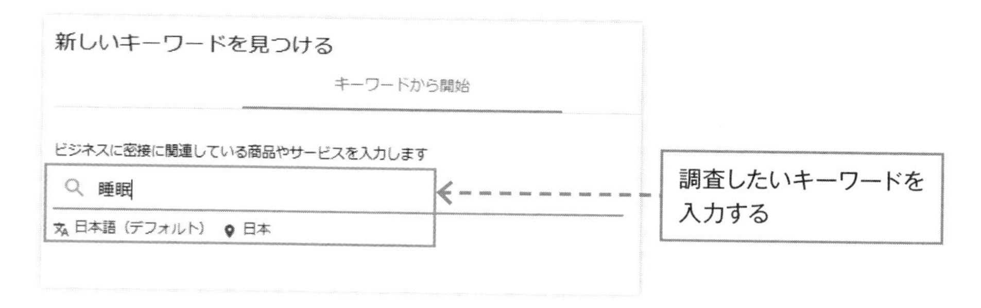

そうすると**図4-5**のような画面になり、入力した中心キーワードの月間平均検索数や関連するキーワードの一覧が表示されます。

図4-5　中心キーワードの月間平均検索数、関連キーワードが表示される

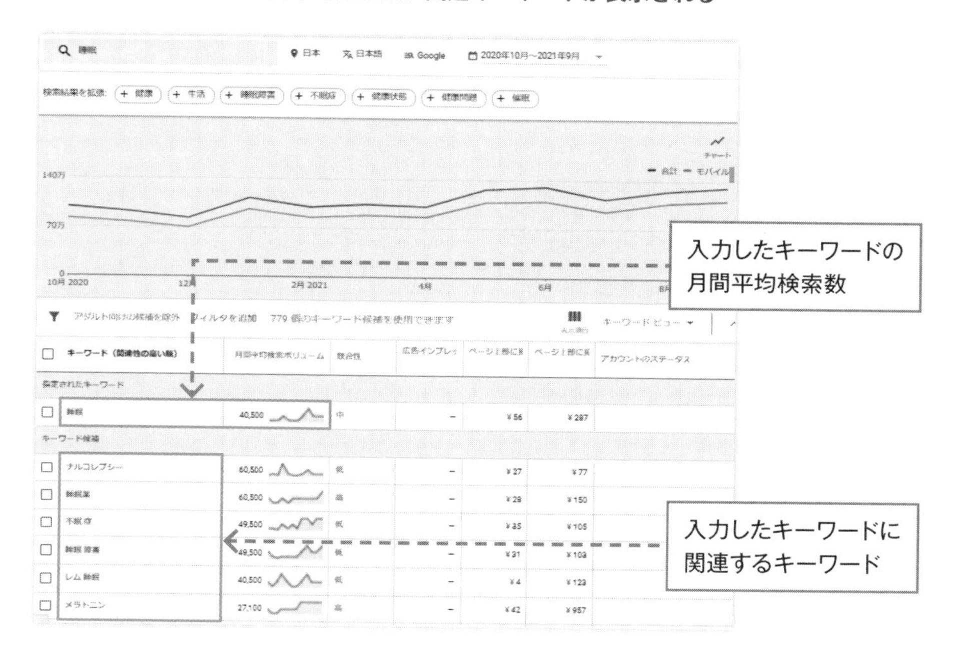

この関連するキーワードのリストは、94ページの**図4-6**のボタンからダウンロードすることができます。CSVファイルとGoogleスプレッドシートが選択できるので、普段業務で使い慣れている形式でダウンロードしましょう。

図4-6　キーワードリストをダウンロードする

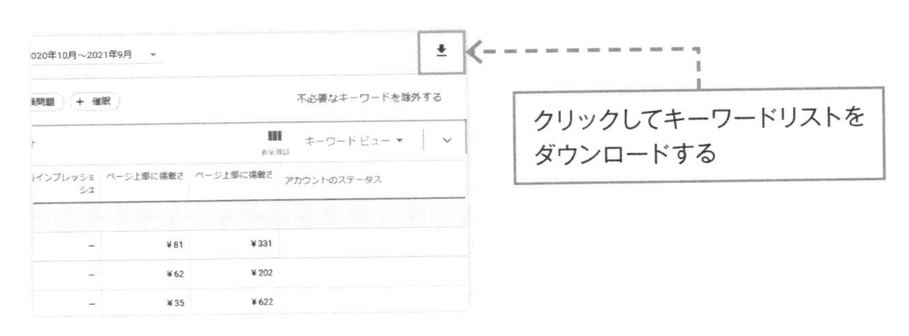

図4-7は、キーワードリストをCSVファイルでダウンロードして、それをExcelで開いたものです。

図4-7　キーワードリストをExcelで開く

キーワードの列

月間平均検索数の列

	A	B	C	D	E	F	G
1	Keyword Stats 2021-10-15 at 18_52_02						
2	2020/10/01 - 2021/09/30						
3	Keyword	Currency	Avg. mont	Competitio	Competitio	Top of pag	Top of pag
4	睡眠	JPY	40500	中	62	57	288
5	ナルコレプシー	JPY	60500	低	2	27	78
6	睡眠薬	JPY	60500	高	97	28	150
7	不眠 症	JPY	49500	低	24	36	106
8	睡眠 障害	JPY	49500	低	28	31	103
9	レム 睡眠	JPY	40500	低	1	4	123
10	メラトニン	JPY	27100	高	96	42	959
11	睡眠薬 市販	JPY	27100	高	98	24	115
12	ブレイン スリープ ピロー	JPY	33100	高	100	21	13445
13	寝不足 頭痛	JPY	14800	低	12	71	73
14	不眠 症 と は	JPY	12100	低	24	27	88
15	ノンレム 睡眠	JPY	12100	低	1	5	177
16	不眠 症 原因	JPY	12100	高	76	32	76
17	レム 睡眠 ノンレム 睡眠	JPY	12100	低	1	5	116
18	眠り が 浅い	JPY	9900	高	84	36	259

このキーワードリストをカスタマイズして、ブログ記事によってSEO対策するキーワードを探します。キーワードリストには多くの項目がありますが、ここでは「キーワード」と「月間平均検索数」だけを見れば十分です。ただし、残りの列は削除しないでおきましょう。補足情報として残しておきます。

ステップ❸　不要なキーワードをキーワードリストから除外する

ダウンロードしたキーワードリストは、このままでは多くの「重複キーワード」「ブログ記事化できないもの」「関係のないもの」が含まれていますので、この中から対策するキーワードをピックアップして、それ以外は除外していきます。

[意味が同じキーワード]

キーワード	月間平均検索数
●よい睡眠	1,900
●質のよい睡眠	590
●良眠	320

[本の書名、人名、競合他社などのキーワード]

キーワード	月間平均検索数
●スタンフォード式␣睡眠	390
●道○孝○	210
●マインドフルネス␣寝る␣前	170

[商品と関係のないキーワード]

キーワード	月間平均検索数
●ナルコレプシー␣芸能人	3,600
●21時に寝る	170
●gaba␣睡眠	1,900

注意点が1つあります。キーワードを除外するといっても削除はしないで**図4-8**のように残しておきましょう。除外したキーワードでも、あとで利用したり確認したりする場合があるからです。ピックアップのための列を作り、そこに「○」などの印をつけて管理するのがよいでしょう。

図4-8　ブログ記事の対象になるキーワードに○をつける

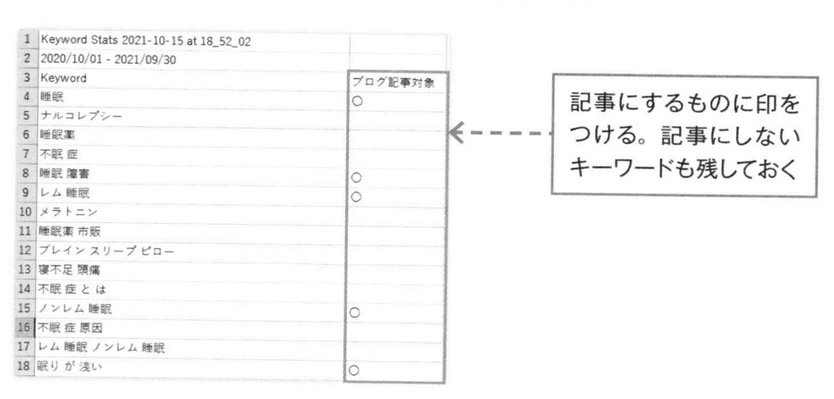

1	Keyword Stats 2021-10-15 at 18_52_02	
2	2020/10/01 - 2021/09/30	
3	Keyword	ブログ記事対象
4	睡眠	○
5	ナルコレプシー	
6	睡眠薬	
7	不眠 症	
8	睡眠 障害	○
9	レム 睡眠	○
10	メラトニン	
11	睡眠薬 市販	
12	ブレイン スリープ ピロー	
13	寝不足 頭痛	
14	不眠 症 と は	
15	ノンレム 睡眠	○
16	不眠 症 原因	
17	レム 睡眠 ノンレム 睡眠	
18	眠り が 浅い	○

重複キーワードや関係のないキーワードを除外できたらキーワードリストは完成です。**先に決めた中心キーワードが2つ残っているはずですので、同じ作業をあと2回繰り返します。そうすると3つのキーワードリストが完成します。**

キーワードリストが3つあれば、ジャンルにもよりますが100 ～ 1,000程度のブログ記事にするキーワード候補が見つけられるはずですので、当面ブログのネタに困ることはありません。

また、ニッチジャンルでキーワードリストが1つしかないという場合は、それでもOKです。まずはキーワードリスト1つだけでブログを始めていきましょう。キーワードリストばかりに注力するのはよくありません。ブログ記事を書いて積み重ねていくと「こういうキーワードもあった！」と思いつくことがあります。そのタイミングで中心キーワードを増やしていってもまったく問題ないのです。

記事数を重ねてみないと、どういったキーワードで上位表示できるのかわかりません。記事を積み上げていくと相性のよいキーワードやジャンル（カテゴリー）が徐々にSEO結果に表れ始めます。そのタイミングでキーワード選びや方向性を変えてもよいのです。

ブログは綿密なプランニングよりも実践して少しでも早く結果を出すことが求められます。Googleの検索エンジンのアルゴリズムは毎日進化しており、それを隅々まで理解している人はどこにもいません。最初から完璧な戦略を描いてブログ記事を書くことなど不可能なのです。記事を書き、どのような記事がユーザーやGoogleに受け入れられているのか走りながら考える姿勢が求められるのです。

▶ キーワードリストのサンプルのダウンロード

キーワードリストのサンプルを以下からダウンロードすることができます。キーワードリストの作り方の参考にしてください。

ダウンロードURL
https://www.forusers.net/download/

4-7 どのキーワードから記事を作り始めるべきか？

キーワードリストが完成したら、どのキーワードから記事を書き始めるのか考えます。SEOで上位表示するには時間がかかるので、月間平均検索数の多いキーワードから手をつけたくなるかもしれません。ただ、最初の記事というのは慣れていない分、どうしてもクオリティが出づらい面があります。**ブログ経験がない方は月間平均検索数1,000以下のものから始めることをおすすめします。**数記事書いて慣れてきたら月間平均検索数1,000以上のものにチャレンジしてみましょう。

また、あるキーワードについて見識が深かったり、資料が十分にそろっている場合は月間平均検索数に関係なく始めるのもよいでしょう。やはり得意なキーワードを記事化することは上位表示に結びつきやすいです。

中心キーワードが異なるキーワードリストが3つ、あるいは複数ある方は、どのリストから対策すべきでしょうか。セオリーはどれか1つのリストを重点的に記事化して終わったら次のリストに行くやり方ですが、ブログの開始直後は、どのキーワードが検索順位がつきやすく、どのキーワードが順位がつきにくいというのが見当がつかず、「こんなキーワードがすぐ上位になるのか」と驚かされることがよくあります。

したがって、**どのリストからというよりは、全リストの中から書きたいキーワード、興味のあるキーワード、詳しいキーワードから書いていくのが重要だと考えます。**集客のためのブログで重要なのは、キーワードの月間平均検索数ではなく記事に対する熱量です。それが発揮できるキーワードから記事化していきましょう。

当面の目標は、半年くらいの期間で検索結果10位以内を複数のキーワードで実現すること。ブログに対して自信をつけることが最優先となります。

4-8 キーワードリスト作成に時間をかけすぎない

キーワードリストの作成にこだわりすぎないほうがよいと考えます。キーワードリストを作るための3つのステップを理解したら、実際にかける時間は数時間程度で十分です。

図4-9　ビッグキーワードと、ビッグキーワードの複合キーワード

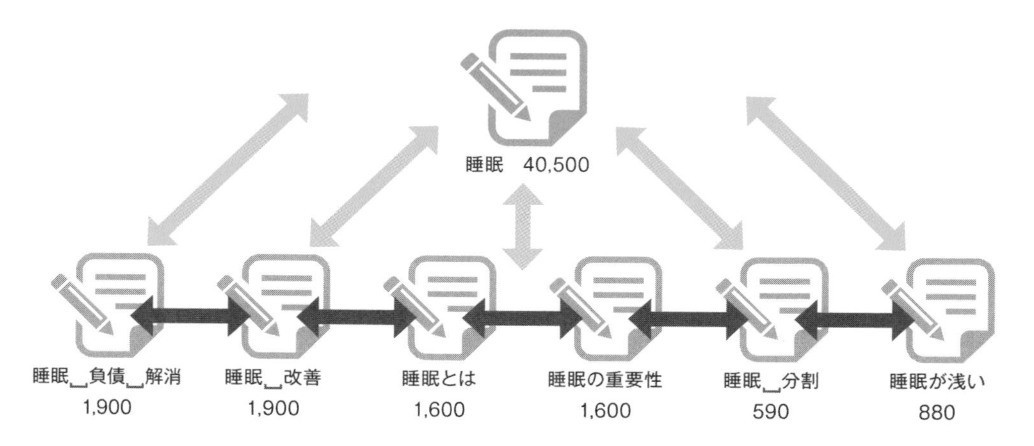

SEOの知識のある方だと、**図4-9**に示したようにビッグキーワードをカテゴリーページ的に扱ってピラミッド構造を作ったり、相互にリンクするためにビッグキーワードやビッグキーワードの複合キーワードを常に意識するかもしれません。SEOの考え方として間違っていませんし、実際のところビッグキーワードで上位を狙うときは、カテゴリーやビッグキーワードの複合キーワードで数多く記事を重ねていくのは重要です。

しかし、ブログ記事を書き始める前からいろいろ工夫を重ねても、SEOはどのように表示されるのかコントロールできない部分、予知できない部分があります。**SEOの考え方に縛られて優先順位を決めるよりも、「書いてみたい記事」「書きやすい記事」などを優先すべき**です。

ブログ記事によるSEO対策は記事数も重要になるので、キーワードプランニングはそこそこで終わらせて、記事を書いて公開していくことに力を傾けるべきでしょう。SEOのピラミッド構造に相互リンクさせる考え方は有効ですが、記事数がある程度たまってからでも十分検討できることです。最初は考えすぎずに記事を書くことを優先的に行いましょう。

Chapter 5

書く前にこれだけは押さえるブログ記事の特徴

Chap. 5

書く前にこれだけは押さえるブログ記事の特徴

ブログ施策で集客を行うためのブログ記事の特徴を見ていきましょう。いきなりブログ記事を書こうとしても、スマホで読みにくい文章や、芸能人や有名人が書く日記的なブログになってしまい集客の目的を果たせません。
集客が目的のブログを書く場合には、ユーザーがどのように情報検索しているのか、どのようにブログ記事を閲覧しているのか知る必要があります。
この章では、ブログ記事の特徴について説明します。

5-1 芸能人が書くような日記ブログを書いてはいけない

ブログというと、世間では芸能人や有名人が書くような日記然としたものが連想されるかもしれません。たとえば以下のようなものです。

▶日記のようなブログの文章

今日は海が見えるホテルで、ランチを楽しんだよ～！
デザートがとっても美味しかった。
今度はディナーでもきてみたいな。

日記的なコンテンツは、その芸能人のファンにとっては憧れの人の日常を知れるので有意義です。しかし、ファンではない人はまったく興味をひかれませんし、ファン以外ではこれらのコンテンツを検索しようとする人もほとんどいません。つまり、書き手が書きたいことだけを書くブログはファンのためのものであり、検索結果上位を目指すべきコンテンツではないのです。

集客を行うブログの基本は「お役立ちブログ」であり、ユーザーの検索キーワードを強く意識する必要があります。 日記的なブログは、すでにいるECサイト（ブランド）のファン向けとしてはある程度は成立するかもしれませんが、新規ユーザーの集客を行う場合はほとんど無意味となります。

5-2 本との違いから見えてくるブログ記事の特徴

ブログ記事と本（書籍）の違いについて少し考えてみたいと思います。もちろん文章の構成や書き方などは書き手によって異なりますから一概にはいえません。しかし、それを差し引いても両者には媒体としての違いが明確に存在します。その違いを意識しながらブログ記事を執筆することで成果はだんぜん変わってきます。ここでは3つの違いを取り上げます。

ブログ記事は最後まで読むモチベーションが低い

本は「自分でお金を出して購入した」という結果によるものですから、最後まで読ませる力が強くなります。買った本がそこまで面白くなかったとしても、「せっかく買ってきたんだから」と、結局最後まで読み通した経験は誰にでもあるはずです。「図書館で借りた」「友だちから借りた」場合でも、お金を出したときほどではないにしろ、「貸出期限までに読まないと」「友だちから借りたんだから、最後まで読んで感想くらいはいえるようにしよう」という作用がある程度働くはずです。本は総じて、最後まで読ませるモチベーションが強いといえます。

では、ブログ記事の場合はどうでしょうか。**Googleで何かを検索してブログ記事が出てきた場合、そこに自分が求めている解決策がなかったり読みづらかったりするとすぐに離脱してしまうのではないでしょうか。**そして、もう一度検索し直してほかの記事を探すのではないでしょうか。

ユーザーにとってブログの情報は空気や水と同じように無料で得られるもので、いつでもカンタンに手に入るため、本に比べると最後まで読むモチベーションが格段に弱くなります。

102ページの**図5-1**を見てください。これは、筆者の個人ブログで検索結果上位の記事をヒートマップの「終了エリア」という分析手法を使って分析したものです。色の濃い部分が読まれており、色の薄い部分があまり読まれていないことを表します。検索結果上位のブログ記事であっても、**色が濃い部分はコンテンツ全体の上部に限られて、それ以外はあまり読まれていないのが実情**です。

ブログ記事はもともと読ませる力が弱いものである以上、ユーザーに最後まで読んでもらおうとするなら、そのためのモチベーションを書き出し文で与える必要があります。そうしなければブログ記事は最後まで読まれず、結果としてそれはSEOにとってよいユーザー行動になりません。

図5-1　ブログ記事は離脱者が多い

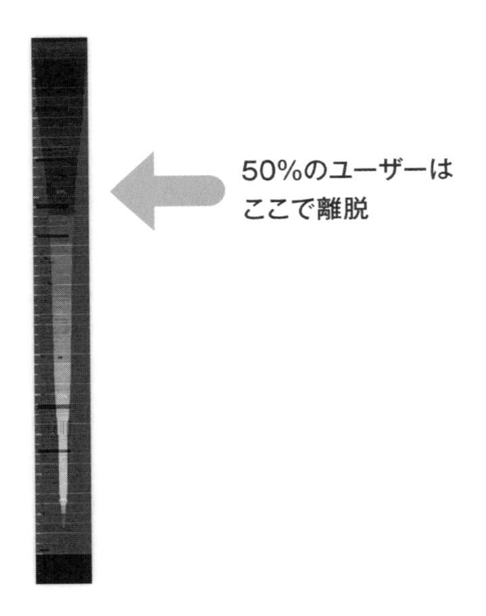

ブログ記事は読み飛ばしが多い

現在、ユーザーがブログ記事を読むデバイスの主流はスマホです。**図5-2**を見てください。

図5-2　スマホの動き

スマホは指で上下に操作するため、下への動きが非常に早いのが特徴です。本やPCに比べると画面も小さく、**ユーザーは興味のある場所まで読み飛ばしをする傾向が非常に強くなります。**ブログ記事は、本に比べると1文字1文字が読まれにくいのです。読まれるブログ記事にするためには以下のような配慮が必要となります。

[スマホでもブログを読ませるために]

- 見出しをこまめに設置する、見出しを魅力的にする
- 画像や表、写真を挿入する
- 重要な箇所は太字や文字色などの文字装飾を使う

一言で表現するなら、指の動きを止める工夫がブログ記事には必要になるということです。これを無視してブログ記事を書いてしまうとユーザーが興味をひくポイントが見つけにくくなり、結果として読まれないブログ記事になってしまいます。

ブログ記事は途中離脱されやすい

ブログ記事をスマホで読んでいるときにLINEなどのアプリから通知が入ってきた経験は多くの人があると思います。そのときに優先するのはブログ記事でしょうか？　アプリの通知でしょうか？　おそらく後者が多数派と思います。**ブログ記事は常に離脱されやすい状況にあるといえます。**もちろん本でも話しかけられるなど邪魔が入ることはありますが、それでもスマホの通知に比べれば限られるはずです。

途中で横やりが入りやすいからこそ、ブログ記事は離脱されづらい構成で文章を組み立てる必要があります。

5-3 なぜ書き出し文が回りくどくなるのか？

Googleで検索して出会ったブログ記事にガッカリした経験は誰にでもあると思います。そのような経験は一度や二度ではなく、日常的に体験している人も少なくないはずです。

よくあるブログ記事の書き出し文の一部を例にとってみましょう。以下のような言い回しをよく目にしないでしょうか。

> **▶よくある書き出し文の例**
> 「FIRE」が世間で流行っていますが、FIREというのはどういう意味でしょうか？　本日は昨今注目されている言葉、FIREについて編集部が調べてみました。

このように回りくどく結論が示されない文章は時間の無駄だと筆者は考えます。ユーザーのことを本当に思うのなら書き出し文は端的に書きます。

▶無駄のない書き出し文の例
FIREというのは経済的に自立し、サラリーマンを早期リタイアすることです。

扱っているテーマやキーワードによるので、ここまで端的に書けないケースももちろんありますが、後者のほうがすぐに答えがわかり、ユーザーの利便性、満足度が増します。
なぜ多くのブログ記事で書き出し文に結論や解決策を書かないのでしょうか。それには2つの理由があります。

ライターが少しでも文字数を増やしたい

1つ目の原因は、ライターの報酬体系です。ブログ記事の執筆者の中には、ブログライターという1文字1～3円くらいの単価で記事を書いている人がたくさんいます。1文字いくらの報酬体系ですから、「1文字でも多く書くこと」が重視されます。書き出し文に結論や解決策を書いてしまうと分量を増やしづらくなってしまうので、**解答をできるだけ後ろに回し、冗長な言い回しを多くするなど、質を下げても文字量を増やすことにバランスが傾きがち**です。
請負先から「文字量は3,000文字以上で」といった指示を受けている場合なども多くあります。自然と、書き出し文で結論や解決策がない、わかりづらい記事が世の中にあふれてしまうのです。

ユーザーに最後まで読ませたい

2つ目は、結論や解決策をブログ末に持ってくることで記事を最後まで読ませようという書き手側の魂胆です。理由はさまざまありますが、基本的にはSEOのことを考えているケースが多いです。
現在のGoogleはサイト内（ブログ内）のユーザー行動も重視しており、**最後まで読まれる、あるいは滞在時間が長いブログはGoogleの評価がよいのではないか？　という仮説が業界内にある**ため、なるべく答えを最後のほうに持ってくるケースが多いのです。

5-4 滞在時間が長いコンテンツが満足度の高いコンテンツではない

Googleはユーザーの満足度が高いコンテンツを上位にします。**滞在時間が長いコンテンツ＝満足度が高いコンテンツではありません。** Googleがユーザーの満足度をどのようなアルゴリズムで定量化しているのか筆者には知るよしもありませんが、Googleの考え方を知る手がかりはあります。それが、Googleが検索結果に表示することのある「強調スニペット」です（**図5-3**）。

図5-3　Googleの検索結果に表示される強調スニペット

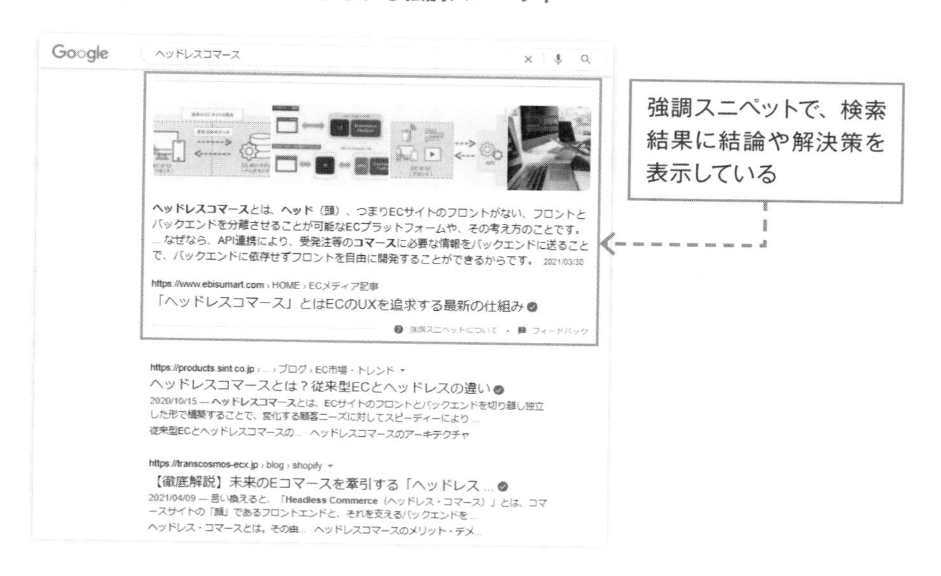

Googleは、検索結果に強調スニペットという形で結論や解決策を提示しています。**Googleは、いち早く結論や解決策を提示するほうが満足度が高いことがデータからわかっているため冒頭に強調スニペットを表示している**はずなのです。

それはブログでも同じで、書き出し文に結論や解決策を書いているほうが満足度が高いのです。そして、ユーザーはそういうブログ記事だからこそ最後まで読み進めてみようという気になるのです。

また、強調スニペットが表示されて、検索結果に現れるリンクをクリックしなくても結論や解決策が示されているからといって、リンク先のアクセス数は減りません。強調スニペットに表示されることでアクセス数はさらに伸びます。露出が高まることはもとより、ユーザーにとっても結論や解決策がはじめにはっきりしていれば、「私の求める答えがこの記事にある、読む価値がある、もっと知りたい」となるからです。

5-5　ユーザーが「行動できる」記事を目指す

ブログ記事はインターネット媒体であることとGoogleを使って検索されるものであることからいくつかのテクニックが必要ですが、それはあくまで枝葉です。本質はいたってシンプルで、ユーザーのことを考えて、ユーザーの役に立つ記事を書くことです。それは、ユーザーに「私の探している答えは、まさにこれだ！」と思わせることです。**そう思わせるブログ記事は、記事を読んだユーザーが行動できるようになります。**以下のような具合です。

「シュノーケリング␣沖縄」と検索したときに、
「沖縄で行くべき海岸がわかった！　この海岸に家族を連れて最高の思い出を作りたい！」

「メンズポロシャツ␣ブランド」と検索したときに、
「どのブランドを買うべきかわかった！　私が買うべきポロシャツのブランドは〇〇だ」

記事を読んだユーザーが行動できる記事こそ、ユーザーの役に立つコンテンツです。ブログ記事は基本的に検索されるものですから、ユーザーのほとんどは不安、悩み、疑問を持っており、それを解決するためにお悩みキーワードを使ってGoogle検索を行っています。

では、お悩みキーワードではなく「調べものキーワード」ならどうでしょうか。たとえば「掛け売り」というキーワードがあったとします。掛け売りはベテランビジネスパーソンであれば誰でも知っているキーワードですが、新卒などの若い社員にはなじみが薄い言葉です。

このような調べものキーワードの場合は、「掛け売り」と検索したユーザーが「掛け売り」を完全に理解し、再検索する必要がないコンテンツを目指すべきです。そして「掛け売り」を検索した人が、今度はそれを自分の言葉として使えるように言葉の使い方まで書いてあれば万全で、「ユーザーが行動できるブログ記事」になります。

記事に主張を持たせる

どのようにすれば「ユーザーが行動できる記事」を作ることができるでしょうか。

以下のような言い回しをしているブログ記事があったとします。

沖縄北部には多くの海岸があります。水納島は透明度が高くきれいな海岸ですし、瀬底ビーチも人気の高いきれいな海岸です。また、アンチ浜も魚が豊富できれいな海岸です。

自分はどの海岸に行くべきか、これを読んで行動に移せるでしょうか？　海岸の名前はわかりましたが、ほぼそれだけです。このような記事を見たら、ユーザーは「水納島」や「瀬底ビーチ」で再検索して情報収集する必要に迫られます。

一方で、以下の記事ならどうでしょうか。

沖縄北部には、多くの海岸がありますが、カップルや夫婦で最高の思い出を作るのなら、水納島を目指すべきです。離島のため船でしか行けませんが、沖縄北部で一番きれいな水質とビーチや海岸の風景は、一生の思い出になるのは間違いないからです。

スケジュールに余裕のない方は、瀬底ビーチがよいでしょう。瀬底ビーチは、車でも気軽に行けるビーチで駐車場からのアクセスがよく、水納島に匹敵する透明度があります。

また、瀬底島にあるアンチ浜は遠浅で、魚がたくさんいる海岸ですので、シュノーケリングを楽しむ方はこの海岸に行くべきでしょう。

この2つの記事の違いは主張と根拠です。ユーザーを行動させるためには、主張と根拠がなくてはいけません。2つの記事で言及しているスポットは同じですが、後者には主張と根拠があるので、それを読んだユーザーを動かす力があります。

世の中の多くのブログ記事には主張がありません。主張してしまうと、書き手の心理として「間違っていたらどうしよう？」となり、表現が抽象的にならざるを得ないのです。**文章は抽象的に書けば書くほど間違うリスクを避けることができますが、具体性が損なわれ、臨場感を得ることができないため、満足度の高いコンテンツにはなりません。**また、先ほどブログライターのことを書きましたが、ライターが自分で体験したことのないことを、ほかのブログ記事を参考に書いているという実態もあり、ブログの内容が抽象的であいまいなものにならざるを得ない面もあります。

反対に強い主張があれば文章はより具体的になり、具体的な文章はそれを想像させる臨場感が高まるのでユーザーをひきつける記事になります。

ユーザーをひきつける具体的な方法は3つあります。

1つ目の方法は、**自分の体験をベースに書く**ことです。実体験をもとに書くわけですから、記事は当然具体的で、強い主張を持ちます。

2つ目の方法は、**プロや専門家、あるいはそれを体験したことのある人に取材する**ことです。たとえ自分の専門分野でなくても、その道のプロや実体験者に取材することで事実をベースとした強い主張になります。

3つ目の方法は、**主張に対して「但し書き」をつけます。**強い主張は物事を断定するような印象を与えるので、但し書きをつけて、「ただし、こういう場合は○○です」と主張に対する例外を設けることで、主張を具体的に書きやすくします。

根拠を足して厚くする

インターネットメディアに対する世間のイメージは、ウソやフェイクニュースにあふれているというネガティブなものが少なくありません。**根拠を厚くすることはWebライティングの基本**です。

▶根拠がない文章
水納島は一生に一度は行ってほしい、最高にきれいな海岸です。

この文章に3つのアプローチで根拠を足してみます。

▶データによる根拠を追加
水納島は一生に一度は行ってほしい、最高にきれいな海岸です。なぜなら、2019年に沖縄北部のダイバー 20名に行ったアンケートの結果、沖縄北部でおすすめしたい海岸で1位に輝いたからです。

▶論理的な根拠を追加
水納島は一生に一度は行ってほしい、最高にきれいな海岸です。なぜなら、このあたりはプランクトンが少ないので海に光が入りやすく、珊瑚がしっかり育っているため、その珊瑚の量には圧倒されるからです。

▶体験による根拠を追加
水納島は一生に一度は行ってほしい、最高にきれいな海岸です。なぜなら、筆者は過去に沖縄北部の10以上の有名な海岸に行きましたが、離島の水納島のビーチが最もきれいで、離島ならではの非日常感が味わえるからです。

根拠が明確になれば主張を強くできます。強い主張のあるブログ記事こそ、ユーザーが読んで行動できるコンテンツとなるのです。

5-6 「検索ニーズ」と「本当のニーズ」をセットで考える

強い主張を書くためには、ユーザーが求めているニーズをつかむ必要があります。本当のニーズを見極める手がかりになるのがブログのテーマとなる「キーワード」です。

たとえば、キーワードが「メンズポロシャツ␣ブランド」であった場合のユーザーの「検索ニーズ」は、メンズのポロシャツのブランドを知りたいということでしょう。しかし、だからといってブランドだけを紹介するブログ記事を書いてはいけません。なぜなら、**検索しているユーザー自身も気がついていない「本当のニーズ」がある**からです。「メンズポロシャツ␣ブランド」と検索したユーザーは、どうしてそのような検索をしたのでしょうか。クールビズが導入され、今年からスーツからカジュアルな格好で仕事に行くようになったからかもしれませんし、女性とデートの予定があり、普段は服に関心のない人が女性と一緒でも恥ずかしくないおしゃれな着こなしをしたくなったからかもしれません。どちらにしても「メンズポロシャツ␣ブランド」の本当のニーズは、「おしゃれな格好をしたい」というニーズです。「メンズポロシャツ␣ブランド」をキーワードに記事を書くときには、ブランドを紹介しながらも、おしゃれな着こなしについて書かなくてはユーザーが求めるコンテンツにはなりません。

検索キーワードのすべてに「検索ニーズ」と「本当のニーズ」があります。

● **キーワード「オフィス␣暑い␣対策」の場合**

検索ニーズ ➡ オフィスが暑いので対策方法を知りたい
本当のニーズ ➡ 仕事の効率を高めたい

● **キーワード「メンズポロシャツ␣ブランド」の場合**

検索ニーズ ➡ メンズのポロシャツのブランドを探している
本当のニーズ ➡ おしゃれで、恥ずかしくないブランドのポロシャツがほしい

● **キーワード「iPhone 13 Pro Max␣レビュー」の場合**

検索ニーズ ➡ iPhone 13 Pro Maxのレビューが読みたい
本当のニーズ ➡ iPhone 13 Pro Maxは買いかどうかを判断したい

検索ニーズの意味合いが強く、本当のニーズがわかりづらいキーワードも存在しますが、筆者は**どんなキーワードにも必ず本当のニーズはある**と考えます。たとえば、次のような調べものキーワードや、キーワード自体が極めて具体的な場合です。

●キーワード「掛け売り」の場合

検索ニーズ　➡　掛け売りとはどういう意味なのか知りたい
本当のニーズ　➡　知らないことで恥ずかしい思いをしたくない

●キーワード「USB扇風機␣充電しながら」の場合

検索ニーズ　➡　充電しながら使えるUSB扇風機を探している
本当のニーズ　➡　いつでも、どこでも涼しく過ごしたい

どんなキーワードにも「本当のニーズ」は存在するので、キーワードから、ユーザーの置かれている立場や心境をイメージして本当のニーズを探ってみましょう。本当のニーズがわかれば、ユーザーにブログ記事で提示すべき結論がわかるようになります。

Chapter 6

ECサイトのための ブログ記事の書き方

Chap. 6

ECサイトのための ブログ記事の書き方

この章では、Googleの検索エンジンで検索順位を上位にする記事の書き方を説明します。最初にブログ記事の全体像を示して、記事のパーツごとの書き方と、なぜそのように書く必要があるのか理由も説明します。
ブログははじめてという方は記事を書くことを難しく感じるかもしれませんが、ブログというのはパーツに分かれており、それぞれのパーツを書くことに集中することで誰でも完成させることができるものです。

6-1 ブログ記事をパーツに分けて全体像を理解する

まず、ブログ記事の全体像を把握することから始めましょう。**図6-1**を見てください。

図6-1　ブログ記事の全体像

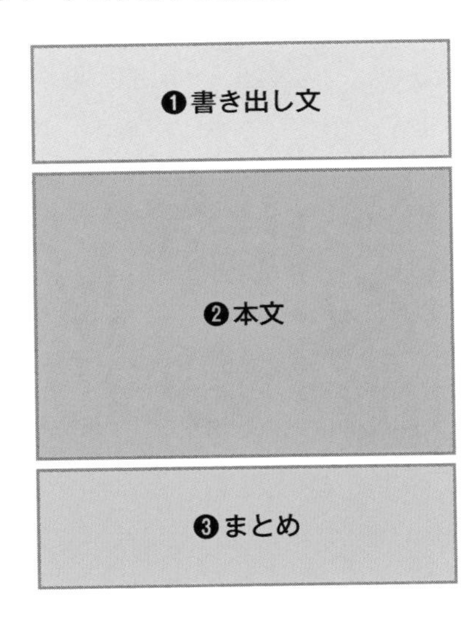

ざっくりいうと、ブログ記事はこのように3つのパーツに分かれます。それぞれのパーツには役目があります。

図6-2を見てください。それぞれのパーツには、このように見出しや文章が入ります。

図6-2　ブログ記事の構成テンプレート

タイトル文（28文字以内で、キーワードを入れる）

❶書き出し文

文章 ➡ 検索ニーズの提示

文章 ➡ 結論の提示

文章 ➡ 結論の根拠の提示

❷本文

見出し（h2） ➡ ユーザーが求める事例・データ

文章 ➡ ユーザーが求める事例やデータの紹介（図や写真を配置）

見出し（h2） ➡ ステップ❶（あるいはポイント❶）

文章 ➡ ステップ❶について
主張・根拠・結論

見出し（h2） ➡ ステップ❷（あるいはポイント❷）

文章 ➡ ステップ❷について
主張・根拠・結論

-
- まだステップが続く場合、続ける
-

見出し（h2） ➡ 細かいニーズ

文章 ➡ 細かいニーズについて
主張・根拠・結論

-
- まだ細かいニーズが続く場合、続ける
-

❸まとめ

見出し（h2） ➡ まとめ

文章 ➡ 主張したことをカンタンに列挙

- ステップ❶
- ステップ❷
- ステップ❸

文章 ➡ ECサイトや商品の紹介文

❶ 書き出し文、❷ 本文、❸ まとめに分けて、それぞれのパーツの役割と作り方を説明していきます。

6-2 書き出し文の役割

ブログ記事の書き出し文は、ユーザーがブログと最初に接点を持つ場所です。第5章で説明したとおり、ブログは離脱されやすい特徴があります。そのため、書き出し文では結論や解決策を提示して、**ユーザーの求める答えがこのブログ記事にあることを最初に伝えます。**それがあることでブログを最後まで読んでみようというユーザーのモチベーションが生まれます。つまり**書き出し文は、ユーザーにブログを最後まで読んでもらうことが役割**となるのです。

書き出し文は、**図6-3**のように3つに分けて考えます。

図6-3　書き出し文の3つのパーツ

❶-1　書き出し文（検索ニーズの提示）
❶-2　書き出し文（結論の提示）
❶-3　書き出し文（結論の根拠の提示）

この構成に従って文章にしてみましょう。以下の3つのタイプのキーワードでのブログ記事の文例を紹介します。

- お悩みキーワード
- 比較、おすすめキーワード
- レビュー、評判キーワード

書き方を真似していくことで必ずブログ記事を書けるようになりますから、あまり文章を書いたことがない人でも心配はいりません。

▶ **キーワード「オフィス␣暑い␣対策」 ➡ お悩みキーワード**

❶-1　書き出し文（検索ニーズの提示）

オフィスの風通しが悪かったり、エアコンの効きが悪かったりするなどの理由で、オフィスが暑いと仕事に集中することができません。何か手軽にできる暑さ対策をお探しではないでしょうか？

❶-2　書き出し文（結論の提示）

本日紹介する5つの暑さ対策をぜひ試してみてください。必ずあなたのオフィスの体感温度を下げて、仕事に集中できる方法が見つかるはずです。

❶-3　書き出し文（結論の根拠の提示）

なぜなら、本日紹介する対策は、実際に筆者の会社の窓際で暑さ対策を実施し、オフィスの温度や体感温度を下げることに成功したものだけを厳選しているからです。

▶ **キーワード「メンズポロシャツ␣ブランド」 ➡ 比較、おすすめキーワード**

❶-1　書き出し文（検索ニーズの提示）

オフィスでのクールビズで重宝され、カンタンにカジュアルに着こなせるメンズのポロシャツでは、どのようなブランドが有名なのでしょうか？

❶-2　書き出し文（結論の提示）

メンズポロシャツのブランドは本日紹介する5つの中から選ぶといいでしょう。特にあまりおしゃれに自信のない方でしたら、最初に紹介するモンクレールのポロシャツがおすすめです。

❶-3　書き出し文（結論の根拠の提示）

なぜなら、モンクレールは認知度の高いハイブランドでありながら、ポロシャツは着ている人がそこまで多くはなく、ほかの人とかぶることがないので、さりげないおしゃれを演出できるからです。

▶ **キーワード「iPhone 13 Pro Max␣レビュー」 ➡ レビュー、評判キーワード**

❶-1　書き出し文（検索ニーズの提示）

最新のiPhone 13の中でも、最もハイスペックなのがiPhone 13 Pro Max。高価なスマホですから、しっかりレビューを見てから決めたいですよね？

❶-2　書き出し文（結論の提示）
結論からいえば、iPhone 13 Pro Maxは、iPhone 12 Pro Maxをお持ちの方は買い替えを急ぐほどのスペックの違いはありませんが、iPhone 11以前をお持ちの方は、驚くほどスペックが変わっており買い替えの時期だと考えます。

❶-3　書き出し文（結論の根拠の提示）
今回iPhone 13 Pro MaxをiPhone 12や11シリーズの3機種と実際に使い比べて比較しました。買い替え時期というのは、データや体感スピードから導き出した筆者なりの考えです。

6-3 書き出し文の書き方

書き出し文は、まずはユーザーに違和感を持たせないこと、そして強い主張、根拠の3つから成り立ちます。最初に「検索ニーズの提示」から見ていきましょう（**図6-4**）。

検索ニーズの提示

図6-4　書き出し文の最初のパーツ

❶-1　書き出し文
（検索ニーズの提示）

❶-2　書き出し文
（結論の提示）

❶-3　書き出し文
（結論の根拠の提示）

書き出し文の最初の1～3行においては、検索して記事にたどり着いたユーザーに違和感を抱かせないことが大切です。そのために必要なことはたった2つです。

- **キーワードを入れる**
- **検索したユーザーの気持ちに寄り添う**

▶キーワードを入れる

書き出し文の最初の1～3行には、対策する「キーワード」を必ず入れます。ユーザーは自分で検索エンジンに入力したキーワードと、たどり着いたブログ記事が関係するかどうかを強く意識していますから、**最初の1～3行にキーワードがないと離脱の原因を作ってしまいます。**

▶「オフィス␣暑い␣対策」というキーワードの場合

オフィスの風通しが悪かったり、エアコンの効きが悪かったりするなどの理由で、オフィスが暑いと仕事に集中することができません。何か手軽にできる暑さ対策をお探しではないでしょうか？

▶「メンズポロシャツ␣ブランド」というキーワードの場合

オフィスでのクールビズで重宝され、カンタンにカジュアルに着こなせるメンズのポロシャツでは、どのようなブランドが有名なのでしょうか？

▶「iPhone 13 Pro Max␣レビュー」というキーワードの場合

最新のiPhone 13の中でも、最もハイスペックなのがiPhone 13 Pro Max。高価なスマホですから、しっかりレビューを見てから決めたいですよね？

このように書き出し文の最初の1～3行はキーワードを入れて、検索したユーザーの気持ちに沿った文章を書きましょう。ユーザーは違和感を抱かずに、ブログを読む準備ができます。

▶検索したユーザーの気持ちに寄り添う

ユーザーに寄り添った文章を書くとはどういうことでしょうか。それを知るためには、まったく**ユーザーに寄り添っていない悪い例**を見てもらうのが一番です。以下にやってはいけない例を示します。

▶**悪い例　「オフィス␣暑い␣対策」というキーワードの場合**
最近の日本は暑すぎると思いませんか？　去年はオリンピックがあり、遠巻きに選手を応援していたのですが、熱射病で倒れそうになりました。一緒だった家族に介抱されて何とか難を逃れました。

▶**悪い例　「メンズポロシャツ␣ブランド」というキーワードの場合**
先日ブログでポロシャツのことについて書いたら、読者から「かっこいい！」「すごい！」「どこで買えるのか教えてほしい！」という声がありました。本当はサマージャケットの話をしようと思っていたのですが、今回はポロシャツについて紹介しますね。

▶**悪い例　「iPhone 13 Pro Max␣レビュー」というキーワードの場合**
ぶっちゃけ、iPhone 8くらいから画期的な機能はぜんぜん生まれていないと思いますが、やっぱりAppleファンとしては新しいiPhoneは気になっちゃいますよね！　それに新しいiPhoneを持っているとまわりから「すごいね。もう買ったの？」っていわれちゃいますから。

ユーザーが検索したキーワードよりもブログの筆者のことを先に連想させる文章になっていますね。検索してやってきてくれたユーザーに寄り添っていない文章の典型です。

ユーザーにとってキーワードと直接関係のない文章は大きな違和感となります。また、これまでブログを読んでいる既存ユーザー向けの書き方になっている点も違和感の原因です。**集客目的のブログの多くは、既存ユーザーよりも新規ユーザーのほうが圧倒的に多い**ため、既存ユーザーのほうばかりを向いた書き方は避けるべきです。

図6-5　集客ブログにやってくる新規ユーザーと既存ユーザー

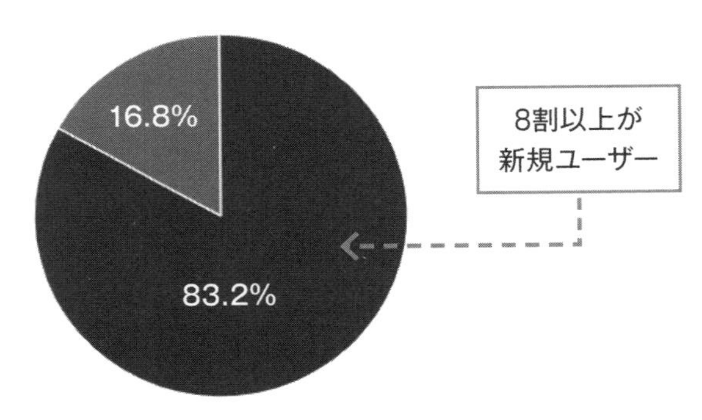

図6-5は、筆者が運営するブログのアクセス解析データです。ほとんどが新規ユーザーであることがわかります。一例にすぎませんが、ブログ施策を実施している場合はほぼ例外なく、このような新規ユーザーと既存ユーザーの割合になります。連載モノのブログのように既存ユーザーやリピーターばかりを意識した書き方ではいけません。**新規ユーザーが読んでも違和感のない文章にすべき**です。

ユーザーに寄り添った文章のコツは、キーワードから、検索した理由を素直に考えてみることです。

● **キーワード「離乳食␣バナナ」の場合**

素直な検索ニーズ ➡ バナナで離乳食はどのように作るんだろう？

● **キーワード「タンブラー␣名前入れ」の場合**

素直な検索ニーズ ➡ タンブラーに名前を入れたいのだけど、どこに頼めばいいのだろう？

● **キーワード「ボールペン␣プレゼント␣男性␣嬉しい」の場合**

素直な検索ニーズ ➡ 知り合いの男性にボールペンをプレゼントしたとき、喜ばれるのはどんなボールペンだろう？

検索キーワードから検索ニーズを推測するのは難しくありませんね。書き出し文は、検索キーワード以外の言葉や自分の主観を多用せずに、検索ニーズに従った素直な文章を心がけるようにしましょう。

結論の提示（強い主張の提示）

次は「結論の提示」です（**図6-6**）。

図6-6 書き出し文の2番目のパーツ

❶-1 書き出し文（検索ニーズの提示）
❶-2 書き出し文（結論の提示）
❶-3 書き出し文（結論の根拠の提示）

ここの目的は、ブログ記事の結論となる「強い主張」を書き出し文の中で提示することで、ユーザーに「このブログこそ私の探していたブログだ」と思わせることです。結論や解決策が書いてあることがわかるとユーザーは期待感を抱き、最後まで読んでくれるようになります。

▶キーワード「オフィス␣暑い␣対策」の強い主張
本日紹介する5つの暑さ対策をぜひ試してみてください。必ずあなたのオフィスの体感温度を下げて、仕事に集中できる方法が見つかるはずです。

▶キーワード「メンズポロシャツ␣ブランド」の強い主張
メンズポロシャツのブランドは本日紹介する5つの中から選ぶといいでしょう。特にあまりおしゃれに自信のない方でしたら、最初に紹介するモンクレールのポロシャツがおすすめです。

▶キーワード「iPhone 13 Pro Max␣レビュー」の強い主張
結論からいえば、iPhone 13 Pro Maxは、iPhone 12 Pro Maxをお持ちの方は買い替えを急ぐほどのスペックの違いはありませんが、iPhone 11以前をお持ちの方は、驚くほどスペックが変わっており買い替えの時期だと考えます。

書き出し文の2番目のパーツとして強い主張を持ってきます。強い主張はできるだけ具体的に書くようにしてください。具体的であればあるほど、ユーザーは常に結論をイメージしながら読み進めていくことができるからです。

根拠の提示

書き出し文の最後は「結論の根拠の提示」です（**図6-7**）。

どんな主張であっても、それだけでは強い主張とはいえません。根拠が提示されてこそ強い主張になります。根拠は、先に提示した強い主張がなぜ正しいのかを裏づけるものです。108ページで説明したとおり根拠のつけ方は3つあります。

- データの裏づけによるもの
- 論理的な説得によるもの
- 筆者の体験によるもの

図6-7　書き出し文の3番目のパーツ

❶-1　書き出し文（検索ニーズの提示）

❶-2　書き出し文（結論の提示）

❶-3　書き出し文（結論の根拠の提示）

▶キーワード「オフィス␣暑い␣対策」の主張とデータによる根拠
本日紹介する5つの暑さ対策をぜひ試してみてください。必ずあなたのオフィスの体感温度を下げて、仕事に集中できる方法が見つかるはずです。
なぜなら、本日紹介する対策は、実際に筆者の会社の窓際で暑さ対策を実施し、オフィスの温度や体感温度を下げることに成功したものだけを厳選しているからです。

▶キーワード「メンズポロシャツ␣ブランド」の主張と論理的な根拠
メンズポロシャツのブランドは本日紹介する5つの中から選ぶといいでしょう。特にあまりおしゃれに自信のない方でしたら、最初に紹介するモンクレールのポロシャツがおすすめです。
なぜなら、モンクレールは認知度の高いハイブランドでありながら、ポロシャツは着ている人がそこまで多くはなく、ほかの人とかぶることがないので、さりげないおしゃれを演出できるからです。

▶キーワード「iPhone 13 Pro Max␣レビュー」の主張と体験による根拠
結論からいえば、iPhone 13 Pro Maxは、iPhone 12 Pro Maxをお持ちの方は買い替えを急ぐほどのスペックの違いはありませんが、iPhone 11以前をお持ちの方は、驚くほどスペックが変わっており買い替えの時期だと考えます。
今回iPhone 13 Pro MaxをiPhone 12や11シリーズの3機種と実際に使い比べて比較しました。買い替え時期というのは、データや体感スピードから導き出した筆者なりの考えです。

根拠が厚くなれば主張が強くなりユーザーの期待感が膨らみます。書き出し文に限らず主張と根拠がセットになれば、ブログの信頼感が醸成されるとともに、ユーザーをひきつける記事を書けるようになります。

6-4 本文の構成を作る

❶ 書き出し文の次は、❷ 本文です。**ブログ記事の本文の役割は、それを読んだユーザーが行動できるようにすること**です。

いきなり本文を書くのはハードルが高いので先に構成を作る必要があります。特にブログを書いたことがない人は、書きながら構成を考えてしまうと、途中からどこに向かって記事を書けばよいのかわからなくなります。

「本当のニーズ」を中心に構成を作る

109ページでキーワードから考える「本当のニーズ」について説明しました。たとえば「オフィス␣暑い␣対策」というキーワードでしたら、「集中して仕事をしたい。仕事の効率を高めたい」というのが本当のニーズと考えられます。**本文の構成の最初に、ユーザーの本当のニーズを満たす（解決する）ための事例やデータ、体験談を配置します。**「オフィス␣暑い␣対策」なら、「オフィスを涼しくして、仕事に集中できた体験談（ユーザーの求める事例）」などの提示が考えられます。

本文の最初にユーザーの本当のニーズと、それを満たすことを置くことで、**「自分もそうなりたい」「やってみたい」とユーザーを強くひきつけるブログ記事の構成になります。**これができたら残りの構成はカンタンに作れます。残りの構成は、事例、データ、体験談を再現するためにステップ化やポイント化して作ればよいだけだからです。再現性を持たせることで説得力がアップし、ユーザーの行動が促されます。

[キーワード「オフィス␣暑い␣対策」の構成]

オフィスを涼しくして、仕事に集中できた体験談（ユーザーの求める事例）

対策① カーテンなどで窓を遮熱する（ステップ1）

対策② サーキュレーターを使う（ステップ2）

⬇

対策③ デスク用のUSB扇風機を使う（ステップ3）

⬇

対策④ クールビズを推奨する（ステップ4）

⬇

対策⑤ テレワークを推奨する（ステップ5）

このように、本文の最初で本当のニーズを満たす事例、データ、体験談を配置し、残りはそれを再現するためにステップ化して構成を作ります。もっとも、キーワードによってはステップ化できない場合もあります。たとえば、以下のような「比較、おすすめ」の場合です。

▶ **キーワード「メンズポロシャツ␣ブランド」**

本当のニーズ ➡ おしゃれで、恥ずかしくないブランドのポロシャツがほしい

[構成]

普通のポロシャツと、おすすめのポロシャツの比較写真（ユーザーの求めるデータ）

⬇

おすすめのメンズポロシャツブランド①（おすすめ1）

⬇

おすすめのメンズポロシャツブランド②（おすすめ2）

⬇

おすすめのメンズポロシャツブランド③（おすすめ3）

⬇

おすすめのメンズポロシャツブランド④（おすすめ4）

⬇

おすすめのメンズポロシャツブランド⑤（おすすめ5）

このように**最もおすすめしたい順序で構成を作ればOK**です。

また、「レビュー、評判」の記事なら以下のようにすればよいでしょう。

▶ **キーワード「iPhone 13 Pro Max␣レビュー」**

本当のニーズ ➡ いま買うべきか？　買い替えるべきか？　悩んでいる

[構成]

iPhone 13 Pro MaxとiPhone 12、11を徹底比較（ユーザーの求めるデータ）

⬇

iPhone 13 Pro Maxの価格について（ポイント1）

⬇

iPhone 13 Pro Maxの仕様について（ポイント2）

⬇

iPhone 13 Pro Maxの特徴について（ポイント3）

このように**重要なポイント順に構成を作っていきます。**iPhoneなどの商品名に関するキーワードでは、まず価格が重要なポイントになるので、商品のスペックや特徴は価格よりあとになります。

商品名に関するキーワードのレビュー、評判の記事では比較で終わるのではなく、買うべきかそうでないか、という点まで主張しておくべきでしょう。もちろん考え方は人の数だけありますが、記事を書いた筆者としての主張と根拠をしっかり入れておきましょう。全員に受け入れられるような主張の弱い記事はユーザーをひきつけられません。

「細かいニーズ」も構成に入れる

本当のニーズを中心に構成を作ったら、**その下に「細かいニーズ」を足し込んでみましょう。**細かいニーズは、多くのユーザーにとっての悩みや気になるポイントです。記事の主題ではないものの検索した人が気になる細かいニーズを書くことで、より多くのユーザーを集められるようになります。

[キーワード「オフィス␣暑い␣対策」の構成]

オフィスを涼しくして、仕事に集中できた体験談（ユーザーの求める事例）

対策① カーテンなどで窓を遮熱する（ステップ1）

対策② サーキュレーターを使う（ステップ2）

対策③ デスク用のUSB扇風機を使う（ステップ3）

対策④ クールビズを推奨する（ステップ4）

対策⑤ テレワークを推奨する（ステップ5）

人が快適に思う室内温度は？

オフィスで女性が寒いと感じた場合は？

冬になったときのオフィスの寒さ対策は？

[キーワード「メンズポロシャツ␣ブランド」の構成]

普通のポロシャツと、おすすめのポロシャツの比較写真（ユーザーの求めるデータ）
⬇
おすすめのメンズポロシャツブランド①（おすすめ1）
⬇
おすすめのメンズポロシャツブランド②（おすすめ2）
⬇
おすすめのメンズポロシャツブランド③（おすすめ3）
⬇
おすすめのメンズポロシャツブランド④（おすすめ4）
⬇
おすすめのメンズポロシャツブランド⑤（おすすめ5）
⬇
ダサいポロシャツの着こなしとは？
⬇
ギフトで彼氏にポロシャツをおくるなら？
⬇
長袖タイプのポロシャツはどのように着こなすか？

[キーワード「iPhone 13 Pro Max␣レビュー」の構成]

iPhone 13 Pro MaxとiPhone 12、11を徹底比較（ユーザーの求めるデータ）
⬇
iPhone 13 Pro Maxの価格について（ポイント1）
⬇
iPhone 13 Pro Maxの仕様について（ポイント2）
⬇
iPhone 13 Pro Maxの特徴について（ポイント3）
⬇
旧機種からのデータ移行はカンタンか？
⬇
顔認証はマスクを外さないとできないのか？
⬇
iPhone 13 Pro Maxは熱くならないのか？

6-5 構成から本文の見出しを作る

本文の構成ができたら、構成を本文の見出しにしてみましょう。構成を見出しにするときは以下の点を取り入れてみてください。

- 数字を入れる
- 結論を入れる
- 「 」を使って言葉やキーワードを強調する
- 「！」や「？」などを積極的に使う
- なるべく具体的にする

ユーザーに見出しに興味を持ってもらって、スマホの下への動きを止めることが重要です。構成をそのまま見出しに置き換えるのではなく、読んでみたいと思わせる見出しにするということです。それができれば離脱を少なくし、より読まれるブログ記事となり、ユーザー行動もよくなります。見出しには文字数などの決まりはありません。長くなってしまっても2行程度であればかまいません。

[キーワード「オフィス␣暑い␣対策」の構成を見出しに]

- オフィスを涼しくして、仕事に集中できた体験談（ユーザーの求める事例）
- 対策① カーテンなどで窓を遮熱する（ステップ1）
- 対策② サーキュレーターを使う（ステップ2）
- 対策③ デスク用のUSB扇風機を使う（ステップ3）
- 対策④ クールビズを推奨する（ステップ4）
- 対策⑤ テレワークを推奨する（ステップ5）
- 人が快適に思う室内温度は？
- オフィスで女性が寒いと感じた場合は？
- 冬になったときのオフィスの寒さ対策は？

構成を見出しに

↓

- **体感温度がぜんぜん違う！ 「暑さ対策」を徹底したオフィスの体験談**
- **対策① ブラインドやカーテンできっちり窓からの熱を遮断**
- **対策② サーキュレーターを使って部屋の中の空気を循環させる**

●対策③ デスク用のUSB扇風機を設置！　風力調節ができるタイプを選ぶ！
●対策④ 社内でクールビズを徹底させよう！
●対策⑤ テレワークを推し進めて、オフィスの人数を減らす
●人が快適に思う部屋の温度は20～26度くらい！
●オフィスで女性が「寒い！」と訴えてきた場合はどうすべきか？
●オフィスの暑さ対策を冬の寒さ対策にも活かすには？

[キーワード「メンズポロシャツ␣ブランド」の構成を見出しに]

●普通のポロシャツと、おすすめのポロシャツの比較写真（ユーザーの求めるデータ）
●おすすめのメンズポロシャツブランド①（おすすめ1）
●おすすめのメンズポロシャツブランド②（おすすめ2）
●おすすめのメンズポロシャツブランド③（おすすめ3）
●おすすめのメンズポロシャツブランド④（おすすめ4）
●おすすめのメンズポロシャツブランド⑤（おすすめ5）
●ダサいポロシャツの着こなしとは？
●ギフトで彼氏にポロシャツをおくるなら？
●長袖タイプのポロシャツはどのように着こなすか？

構成を見出しに

●ポロシャツのブランドで、こんなにおしゃれに差がつく！
●おすすめのブランド① モンクレール
●おすすめのブランド② ラルフローレン
●おすすめのブランド③ ラコステ
●おすすめのブランド④ フレッドペリー
●おすすめのブランド⑤ ブルックスブラザーズ
●これはNG！　ダサいポロシャツの着こなしとは？
●これで失敗知らず！　彼氏におくるポロシャツの選び方
●長袖タイプのポロシャツの着こなしのコツ

[キーワード「iPhone 13 Pro Max␣レビュー」の構成を見出しに]

●iPhone 13 Pro MaxとiPhone 12、11を徹底比較（ユーザーの求めるデータ）
●iPhone 13 Pro Maxの価格について（ポイント1）
●iPhone 13 Pro Maxの仕様について（ポイント2）
●iPhone 13 Pro Maxの特徴について（ポイント3）

- 旧機種からのデータ移行はカンタンか？
- 顔認証はマスクを外さないとできないのか？
- iPhone 13 Pro Maxは熱くならないのか？

- **iPhone 13 Pro MaxとiPhone 12、11の徹底比較表！**
- **iPhone 13 Pro Maxの価格は146,800円〜**
- **iPhone 13 Pro Maxのスペックの紹介**
- **iPhone 13 Pro Maxの気になる5つの特徴とは？**
- **旧機種からのデータ移行は誰でもカンタンにできる？**
- **顔認証の精度は？　マスクを外さなかったらどうなる？**
- **iPhone 13 Pro Maxは熱くなる心配はいらない？**

これで本文の見出しができました。次に、この見出しに文章を入れていきましょう。

6-6 見出しに沿って本文を作る

見出しができれば、本文の文章を書くのは難しいことではありません。**図6-8**のように見出しを起点に本文を書きます。

図6-8　構成から見出しを作り、見出しごとに文章を作る

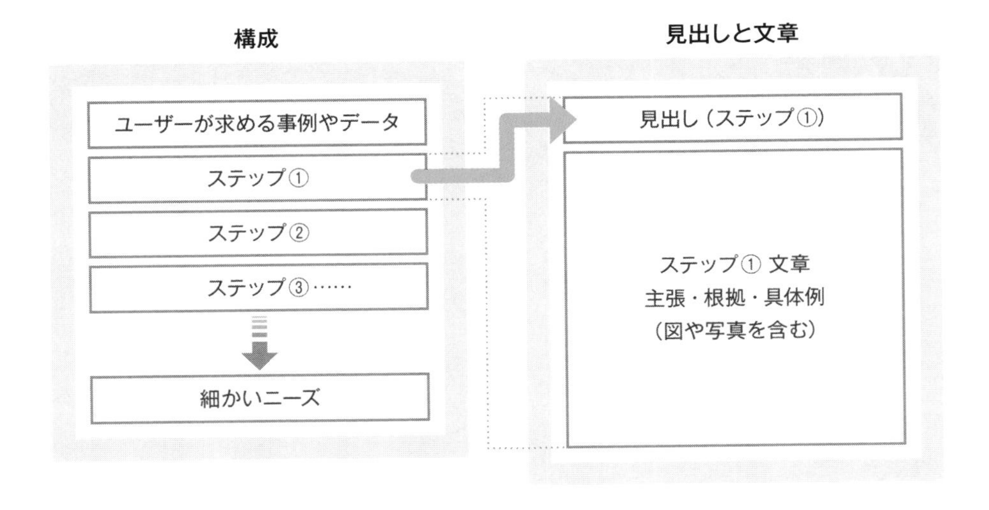

見出しごとの文章の書き方は以下の3点に集約できます。

❶ 主張
❷ 根拠
❸ 具体例（体験談、証拠、データ、有力なメディアからの引用など）

この❶〜❸の要素を文章に入れていくことで、無駄がなくわかりやすい文章になります。主張が根拠と具体例に支えられることで、ユーザーの納得感を引き出します。
例をお見せしましょう。

▶キーワード「オフィス␣暑い␣対策」の本文

体感温度がぜんぜん違う！「暑さ対策」を徹底したオフィスの体験談

まず、筆者がいるオフィスの窓際の席が暑さ対策によってどれだけ改善したのかを紹介します。以下の対策前後の温度を見てください。暑さ対策によって1～2度も温度を下げることができました。

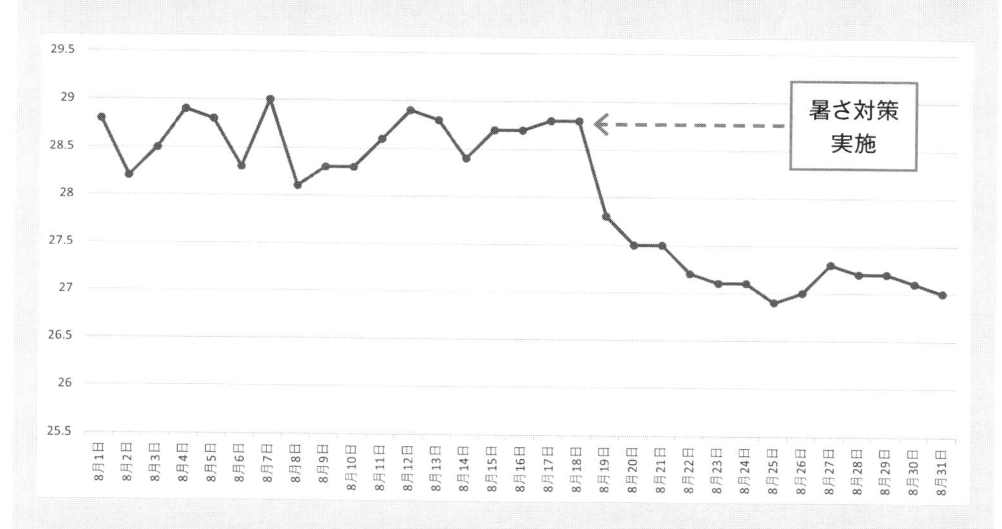

筆者のオフィスはビルが古いためか窓際は特に暑くて、とても仕事に集中できるような環境ではなかったのですが、窓際席を中心に暑さ対策を徹底することにより、ずいぶんと過ごしやすくなりました。ぜひ、これから解説する5つの対策を参考にしてください。

対策① ブラインドやカーテンできっちり窓からの熱を遮断

最初に行ったのが、暑さの原因である窓からの熱を抑えてオフィスの温度が上がらないようにしたこと。当たり前の対策ともいえますが、これを徹底することでオフィスの温度上昇をだいぶ抑えることができます。
ブラインドはカーテンとは違い日光を完全にさえぎることはできませんが、それでも写真のように太陽の角度に合わせてブラインドを下げることで、太陽の光を遮断することができます……

▶キーワード「メンズポロシャツ␣ブランド」の本文

ポロシャツのブランドで、こんなにおしゃれに差がつく！

まずは以下の2枚の写真を見てください。左が量販店のポロシャツで、右が本日おすすめするブランドの1つ、モンクレールのポロシャツです。

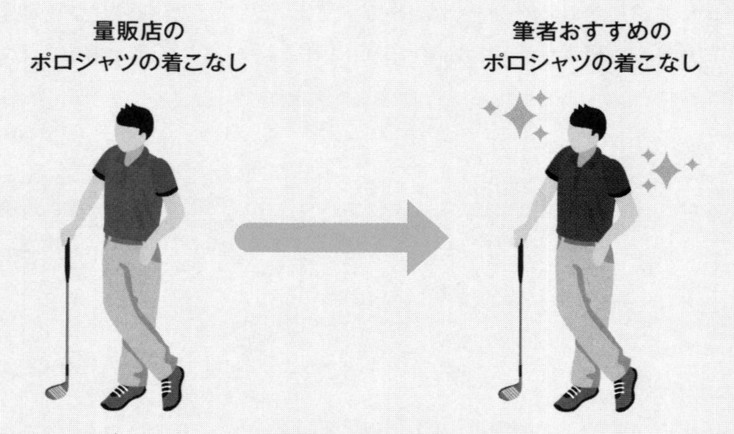

どちらもズボンやシューズは同じですが、ポロシャツ1つで、これだけ見た目の印象が変わります。やはりブランドものはシルエットがタイトでしまった印象になりますし、襟元もよい素材が使われていてしっかりしています。
それに対して量販店のものは、老若男女に受け入れられるようにサイズが大きめに作られており、シルエットがもたつく印象がぬぐえません。
本日紹介するブランドのポロシャツなら、どれをとってもこのように引きしまった印象になることは間違いありません。

おすすめのブランド① モンクレール

モンクレールといえばダウンで有名なブランドですが、ポロシャツもクオリティが高く、ワンランク上のハイブランドといえます。ポロシャツに施されたロゴを見て、「おっ」と思ってしまう職場の同僚や友人が必ずいるはずです。
なぜなら、モンクレールは世界中のセレクトショップで販売されているラグジュアリーブランドの1つであり、その細部やシルエットへのこだわりは多くの人に支持されているからです。以下は今シーズンのモンクレールのメンズポロシャツですが……

▶キーワード「iPhone 13 Pro Max␣レビュー」の本文

iPhone 13 Pro MaxとiPhone 12、11の徹底比較表！

まず、以下の表を見てください。

	iPhone 13 Pro Max	iPhone 12 Pro Max	iPhone 11 Pro Max
大きさ／重さ	約78.1×7.65×160.8mm/203g	約78.1×7.4×160.8mm/226g	約77.8×8.1×158.0mm/226g
ディスプレイ	6.7インチ有機EL 2778×1284ドット	6.7インチ有機EL 2778×1284ドット	6.5インチ有機EL 2688×1242ドット
チップセット	A15 Bionic	A14 Bionic	A13 Bionic
ストレージ	128GB、256GB 512GB、1TB	128GB、256GB 512GB	64GB、256GB 512GB
背面カメラ	12MP(望遠、超広角、広角)	12MP(望遠、超広角、広角)	12MP(望遠、超広角、広角)
正面カメラ	12MP(TrueDepth)	12MP(TrueDepth)	12MP(TrueDepth)
バッテリー（ビデオ再生）	最大28時間	最大20時間	最大12時間
価格	146,800円〜	129,580円〜（発売当時価格）	119,800円〜（発売当時価格）

iPhone 11 Pro Maxから年々、性能とともに価格も高くなってきています。しかし、カメラはスペック上の性能はiPhone 11からiPhone 13まで変わっていないことがわかります。
もっとも、スペック上は同じでも実際にはチップセットの進化やエフェクトの違いによりiPhone 13のほうが高画質の写真を初心者でもカンタンに撮ることができます。カメラに強いこだわりがある場合は、迷わず最新のiPhone 13を選んでよいでしょう。
筆者もiPhone 13 Pro Maxを使って以下のような写真を撮ってみましたが、iPhone 11 Pro Maxとは写真の出来が大きく違っていました。

iPhone 13 Pro Maxの価格は146,800円～

次に価格を比較してみましょう。iPhone 13 Pro Max、iPhone 12 Pro Max、iPhone 11 Pro Maxのそれぞれのストレージ容量が最も小さいシリーズで価格差を比較してみました。現在の相場で見てみましょう。

- ●iPhone 11 Pro Max　93,000円（約50,000円安い）
- ●iPhone 12 Pro Max　124,000円（約22,000円安い）
- ●iPhone 13 Pro Max　146,800円

iPhone 11 Pro Maxは新品同様品では93,000円くらいで、最新のモデルと比べると50,000円も安くなっています。iPhone 12 Pro Maxの新品同様品では22,000円安くなっており、旧モデルを買うなら、新旧モデルの機能を比較して、許容範囲であるかどうかを……

構成を見出しにして、見出しごとに文章（主張・根拠・具体例）を書いていくことで読みやすくわかりやすいブログ記事を作ることができます。

例で挙げたように、本文には図や絵を作成して入れることを心がけてください。**図や絵はユーザーの理解を助けるだけでなく、ユーザーのスマホの動きを止める力も持っています。**

写真を挿入するときは、できるだけご自分で撮影した写真を使うべきですが、フリー素材を使っても問題ありません。しかし、独自の写真のほうがGoogleから評価されやすいので、どうしても上位表示させたいコンテンツがある場合など、ここぞというときはやはりオリジナルの写真を用意したほうがよいでしょう。

フリー素材の写真を多用すると、どうしてもありきたりなブログ記事のような印象を与えてしまうので、フリー素材の使いすぎには気をつけてください。また、オリジナルの写真であっても、それを多くの記事で使い回すことはおすすめできません。SEOの原則は独自コンテンツですから、オリジナルの写真でも使い回しはよくないことを頭に入れておいてください。

6-7 まとめの書き方

本文の次の❸ まとめの役割は、商品を紹介することです。ここまで読んでくれたユーザーはブログの内容に納得してくれている可能性が高く、CVRを高めることが期待できます。ブログのまとめでは、売りたい商品をユーザーにすすめます。もちろん、ブログの

内容と関係のない商品ではそっぽを向かれるだけです。必ずブログ記事の内容にマッチする商品をすすめます。

まとめは、決まった書き方というのは存在しません。すでに本文で主張すべきことは伝えているので、あえていえば、まとめはサラっと書くのがポイントとなります。**本文の「見出し」を箇条書きにするというやり方**が最もカンタンでおすすめです。以下を見てください。

▶キーワード「オフィス␣暑い␣対策」のまとめ

本日は以下の5つのオフィスの暑さ対策について解説しました。

- 対策① ブラインドやカーテンできっちり窓からの熱を遮断
- 対策② サーキュレーターを使って部屋の中の空気を循環させる
- 対策③ デスク用のUSB扇風機を設置！　風力調節ができるタイプを選ぶ！
- 対策④ 社内でクールビズを徹底させよう！
- 対策⑤ テレワークを推し進めて、オフィスの人数を減らす

このように見出しを箇条書きで並べるだけで、すっきりしたまとめになります。次に、ECサイトを紹介する文言を加えます。

本日は以下の5つのオフィスの暑さ対策について解説しました。

- 対策① ブラインドやカーテンできっちり窓からの熱を遮断
- 対策② サーキュレーターを使って部屋の中の空気を循環させる
- 対策③ デスク用のUSB扇風機を設置！　風力調節ができるタイプを選ぶ！
- 対策④ 社内でクールビズを徹底させよう！
- 対策⑤ テレワークを推し進めて、オフィスの人数を減らす

手軽にすぐに実行できる対策は③のUSB扇風機の設置です。デスク設置用なら、先に解説したように風量調整できる機種であることがポイントになります。
弊社のネットショップでは、3段階の風量調整ができる、オフィス使いも持ち歩きもOKな折り畳み式USB扇風機を販売中です。この記事を読んでくれた方限定で300円OFFのクーポンもおつけいたします（クーポン番号：0001）。

以下のネットショップですぐに注文することができます。

オフィス用品の○○　ネットショップ公式ページ

弊社のネットショップでは、細部にまでこだわったオフィス用品を豊富にとりそろえています。きっと、あなたのオフィス生活をより快適にする一品との出会いがあるはずです。

注意点としては、ECサイトへの誘導はバナーではなくテキストリンクで行います（**図6-9**）。

図6-9　ECサイトの紹介はテキストリンクで行う

まとめ

本日は年代ごとにおすすめのポロシャツを紹介しました……

本日紹介したポロシャツを購入したい方は、すべて弊社のネットショップにとりそろえていますので、下記のリンクをクリックしてください。

○○○の公式ネットショップ

紹介したポロシャツ以外にも、これからの季節のオフィスカジュアルにふさわしい服を用意しておりますので、お気軽にご来店ください。

まとめ

本日は年代ごとにおすすめのポロシャツを紹介しました……

本日紹介したポロシャツを購入したい方は、すべて弊社のネットショップにとりそろえていますので、下記をクリックしてください。

メンズポロシャツなら
○○○ネットショップ

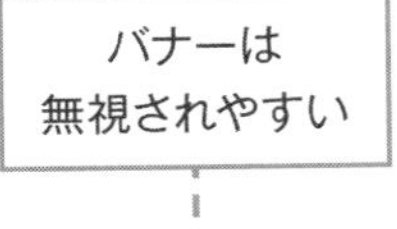

バナーにしてしまうと、ユーザーに気づかれない可能性が高くなります。 ユーザーは、スマホに表示される企業の宣伝用バナーに飽きています。バナーは無意識にスルーするユーザーが多く、目立たせるつもりでバナーを設置してもかえって逆効果という結果に終わりかねません。

133 ～ 134ページの「オフィス␣暑い␣対策」の例のようにまとめからの文脈を意識してECサイトや商品を紹介してください。文中にECサイトへのリンクを入れることもありますが、筆者の経験からいうと文末のリンクがCVを最も多く獲得することができます。文末に、バナーではなく、文脈を意識したリンクを用意してください。

続けてまとめの例を見てみましょう。

▶キーワード「メンズポロシャツ␣ブランド」のまとめ

本日はおしゃれに着こなせるメンズポロシャツのブランドを5つ紹介しました。

① モンクレール
② ラルフローレン
③ ラコステ
④ フレッドペリー
⑤ ブルックスブラザーズ

もし迷われている方は、筆者が一番おすすめする「モンクレール」を検討してみてください。
モンクレールならオフィスでもデートでも、おしゃれに見られることは間違いありません。
モンクレールのポロシャツをお求めの際は、以下の弊社ネットショップをご利用ください。
最新のモンクレールのポロシャツをそろえています。

アパレルの〇〇　ネットショップ

本日紹介したブランド以外のポロシャツもとりそろえていますので、ぜひクリックしてご来店ください。必ずあなたの勝負服になるような1着が見つかるはずです。

▶キーワード「iPhone 13 Pro Max␣レビュー」のまとめ

iPhone 13 Pro Maxのレビューを書いてきましたが、最後にまとめると、

☑ iPhone 12の方は買い替えなくてよい

☑ カメラが普通でよければiPhone 11もあり
☑ 光学3倍ズームや広角モードなどカメラにこだわりたい方は買い替えの検討を

もしiPhone 13やiPhone 12に買い替える場合は、中古のSIMフリー版もご検討ください。以下の弊社のネットショップでは、新品同様のものから価格の安いB級品まで幅広くラインナップしています。

〇〇スマートフォンショップ

弊社はスマートフォンを中心とした中古ショップで、秋葉原にも店舗があります。ぜひサイトをのぞいてみてください。あなたが求めるスマートフォンが格安で見つかるはずです。

6-8 タイトル文の書き方

ブログ記事が完成したら、最後にタイトル文を考えます。**タイトルは絶対に手を抜いてはいけません。** タイトルが並みのものと、すぐれたものを比較すると、検索結果からのクリック数に大きな差が生まれ、それはそのままブログの訪問者数の差になります。訪問者数の差はECサイトへの遷移数の差となってCVの違いを生みます。**これを年単位で考えれば売上にも大きな影響がある**のです。

タイトル文というたった30文字程度の文章は、実はブログ文章のすべてと同じくらいの価値があるといえます。しかし心配はいりません。質の高いタイトル文を書くステップがあります。

ステップ❶ タイトルにキーワードを入れる

SEOで上位表示を狙っているキーワードはもちろん必須です。これが入っていないとGoogleが認識してくれない可能性がありますし、仮にGoogleが認識して検索結果に表示されても、キーワードが入っていなければユーザーにスルーされてしまいます。必ずキーワードをタイトル文に含めてください。

▶キーワードが入っていない
オフィスが暑すぎる！と思ったときにやるべきこととは？

このようなタイトル文だと、「オフィス␣暑い␣対策」と検索したユーザーに興味を持たれない可能性があります。以下のようにキーワードを含めましょう。

▶キーワードが入っている
暑いオフィスですぐに実行すべき5つの暑さ対策

ステップ❷ テクニックを使ってタイトルを工夫する

タイトル文の質を上げるテクニックとして以下の5つがあります。

- 数字を含める
- 簡便性のある言葉を加える
- 「グッと」「スラスラ」「ドンドン」などの副詞を入れる
- キーワードを「 」に入れて目立たせる
- 「業界人による」「プロが」「元○○の」などの専門家アピールを入れる

▶数字を含める

タイトル文が苦手であったり、工夫する時間がなくても、タイトル文に数字を入れることなら誰でもできるはずです。

▶数字が入っていない
オフィスが暑いと思ったときに行う対策と解説

このような並みのタイトル文に数字を入れるだけで、ずいぶんと印象が変わります。タイトルに数字を入れるのは一番カンタンかつ普遍性のあるテクニックです。

▶数字が入っている
オフィスが暑いと思ったときに行う5つの対策と解説
オフィスが暑い原因は3つ！暑さ対策とその解説
オフィスの温度が28度！暑いときにできる対策と解説

▶簡便性のある言葉を加える

ここでいう簡便性とは、「誰でもできそう」「カンタンにできそう」「すぐにできそう」

といった性質を指します。たとえば、

- たった
- すぐに
- わずか
- 5分で
- 見るだけで

といった言葉が該当します。

▶簡便性が入っている
たった1つの対策で変わる！オフィスの暑さ対策の解説
すぐにできるオフィスの暑さ対策と解説
この記事を読むだけで変わる！オフィスの暑さ対策

数字を入れるのと同様、カンタンながらもユーザーの興味をひくタイトルに仕立てられるテクニックです。

▶「グッと」「スラスラ」「ドンドン」などの副詞を入れる

仕事で使うには少しはばかれる言葉ですが、タイトルを引き立てるという意味では以下のような副詞は有用な言葉となります。

- グッと
- スラスラ
- グイグイ
- スラっと
- グンっと

▶副詞が入っている
グングン涼しくなる！オフィスの暑さ対策の解説
グンっと変わる！オフィスの暑さ対策の解説
ヒヤッと風が涼しい！オフィスの暑さ対策の解説

情景を思い描きやすい分、ユーザーが思わずクリックしたくなる言葉といえます。ただ多用しすぎると信頼感が崩れてしまうことがありますし、命に関わるようなブログ記事ではまったく不向きです。記事のテイストを鑑みたうえで取り入れるようにしてください。

▶キーワードを「 」に入れて目立たせる

検索結果には競合するタイトルが並びます。その中で、いかに目立たせるかというテクニックです。

▶キーワードにカッコが入っている
自社オフィスが「暑い！」と思ったときに行う対策と解説
真似したくなる！おすすめの「ポロシャツブランド」
買い替えは待って！「iPhone 13」実機レビューのご紹介

カッコでくくることで、キーワードがはっきりしたと思います。ただし、タイトル文には文字数制限があります。カッコを入れることで数文字分使うことになりますから、文字数制限との兼ね合いを見ながら使用しましょう。

▶専門家アピールを入れる

どうせ読むなら、誰しも「プロ」や「専門家」などその道に通じている人の解説記事を読みたいはずです。

▶専門家アピールが入っている
建築士が教える！オフィスが暑いと思うときの対策と解説
ベテラン総務がこっそり教える！オフィスの暑さ対策
元バイヤーが教える！今年おすすめのポロシャツブランド

専門家が書いているというアピールは強力です。ただし当たり前ですが、プロでもないのにプロをアピールするのはよくありません。**専門家でもないのに専門家アピールを行ったとしてもユーザーはそれを見分ける目があります。**「誇大広告みたいな記事だ」と思われればユーザーは二度とブログを訪れなくなり、ユーザー行動が悪くなり、SEOにもマイナスになるだけです。

ステップ❸ 28文字以内にする

タイトル文ができたら、28文字以内に収まっているか確認します。PCで見たときの文字数の限度が28文字程度で、スマホでは32文字程度となります。オーバーすると**図6-10**のように文字が途中で切れてしまいます。

図6-10　文字数オーバーでタイトル文が途中で切れる

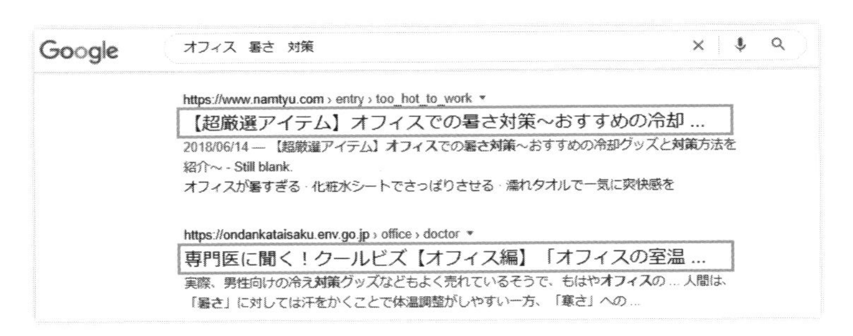

ただし、この文字数制限のルールはGoogleによって頻繁に変わります。本書執筆時点では28文字ですが、今後短くなったり長くなったりする可能性があるので普段から情報収集に努めるか、あるいはご自分のSEOキーワードを検索して確認し、文字が切れているようであればタイトル文の文字数を少なくする必要があります。

以下は3つのキーワードに対するタイトル文の例です。いずれも28文字以内に調整しています。

▶キーワード「オフィス␣暑い␣対策」のタイトル文

1 2 3 4 5 6 7 8 9 0 1 2 3 4 5 6 7 8 9 0 1 2 3 4 5 6 7 8 （文字数）

オフィスのプロが教える！たった5つのオフィスの暑さ対策

ヒヤッと快適に！暑いオフィスを涼しくする対策とは？

すぐできる！費用も0円！オフィスの5つの「暑さ対策」

▶キーワード「メンズポロシャツ␣ブランド」のタイトル文

1 2 3 4 5 6 7 8 9 0 1 2 3 4 5 6 7 8 9 0 1 2 3 4 5 6 7 8 （文字数）

同僚もビックリ！メンズポロシャツのブランド5選とは？

元バイヤーが教える！メンズポロシャツ5つのベストブランド

着るだけでおしゃれに！メンズポロシャツのブランド5選

▶キーワード「iPhone 13 Pro Max␣レビュー」のタイトル文

1 2 3 4 5 6 7 8 9 0 1 2 3 4 5 6 7 8 9 0 1 2 3 4 5 6 7 8 （文字数）

使って初めてわかった「iPhone 13 Pro Max」の比較レビュー

12、11と比べてわかる「iPhone 13 Pro Max」の体験レビュー

iPhone 13 Pro Max を今買うべきか？購入者のレビュー比較！

6-9 titleとh1の違いをあいまいにしない

ここで少し目先を変えてHTMLのタグに話を移し、titleとh1の違いを説明します。まずtitleはメタタグの1つであり、入力すると**図6-11**のようにタイトル文として表示されます。

図6-11　titleの例

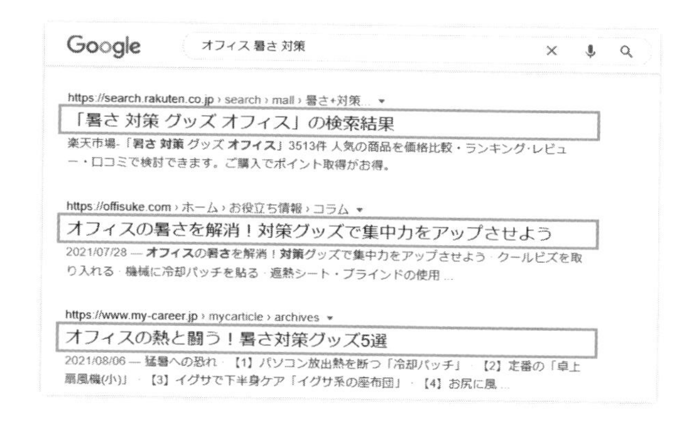

一方でh1は、titleとは別の文章を設定することで、ブログ記事ごとに、検索結果に表示されるタイトル文とは別のタイトル文を設定することができます。たとえば、titleに「暑いオフィスですぐに実行すべき5つの暑さ対策」と設定すると、それが検索結果に表示され、h1に「5つの暑さ対策とは？」と設定すると、それがブログ記事のタイトルとして表示される、といった具合です。

このように、検索結果に表示されるタイトル文とブログ記事のタイトル文を使い分けることが可能なのです。しかし、通常はtitleもh1も同じタイトル文を入れるのがセオリーです。**titleとh1を異なるタイトル文にすると、検索結果を見てクリックしたものとは違うタイトルが表示されるわけですからユーザーを混乱させます。離脱の原因となるので、titleとh1にはどちらも同じタイトル文を入れてください。**

なお、お使いのWordPressのテーマやCMSによってはh1が省略されており、titleしか入力できないケースもあるはずですが、その場合は自動的にtitleとh1に同じタイトル文が入っているはずですので、そのままで問題ありません。

6-10 メタキーワード、メタディスクリプションも手を抜かない

69ページで説明したとおり、メタタグはGoogleの検索エンジンが進化するにつれて意味合いが薄くなってきました。メタタグが未入力であったり、メタタグが全ページ同じというコンテンツであっても検索結果上位となるケースが多々あります。

SEOに関係する主なメタタグは、

- ●タイトル（meta title）
- ●キーワード（meta keywords）
- ●ディスクリプション（meta description）

の3つです。タイトルは先ほど説明しましたので、ここではキーワードとディスクリプションについて説明します。

メタキーワードの設定

メタキーワードは、GoogleがSEOにおいて考慮しないという表明を過去にしたことから、メタキーワードを設定するサイト担当者は少なくなりました。それでも**メタキーワードは設定しておくべき**です。メタキーワードを設定しないとSEOの管理が非常にやりにくくなるからです。

たとえば、数年前に書かれたブログ記事に関して、当時の担当者が退職してしまった場合、後任の担当者が**「この記事はどんなキーワードに向けて書かれているのか？」**と、わからなくなってしまうことがあります。それは、過去に対策したキーワードを重複して対策するなどの無駄を生む原因となります。メタキーワードに1語だけ入力すれば解決することで労力もかかりませんから、必ず入力するようにしましょう。

メタキーワードは、**狙っているキーワードを1語だけ入力します。複合キーワードの場合は、以下のように半角スペースを空けて入力します。**これで1語となります。

- ●オフィス␣暑い␣対策
- ●メンズポロシャツ␣ブランド
- ●iPhone 13 Pro Max␣レビュー

原則として複数のキーワードを入力するのはおすすめできませんが、そうしなければならないときは以下のように半角のカンマで区切ります。

- オフィス␣暑い␣対策，オフィス␣暑さグッズ
- メンズポロシャツ␣ブランド，メンズポロシャツ␣おすすめ
- iPhone 13 Pro Max␣レビュー，iPhone 13 Pro Max␣感想

複数キーワードを入力してもGoogleの検索エンジンに引っかかりやすくなるということはまったくありません。メタキーワードはSEOキーワードを管理するためのものとして、多くても3語程度の設定にとどめましょう。

メタディスクリプションの作り方

メタディスクリプションは、71ページで示したとおり検索結果のタイトル文の下に表示される説明文です。特に何文字という規則はなく、**80～120文字程度で入力します。**

いまはメタディスクリプションが入力されていても、Googleがメタディスクリプションの文章を検索結果に表示しないケースが多々あります。しかし、筆者はそれでもしっかり入力すべきと考えます。Googleはコンテンツを判断するとき、あらゆる情報を精査しており、メタディスクリプションもその1つで、ここで手を抜くのは得策ではないと考えるからです。メタディスクリプションは、ブログ記事の本文を80～120文字に要約して作るのが基本ですが、それ以外にもいくつかコツがあります。

❶ タイトル文の28文字に入れることができなかったキーワードを入れる
❷ キーワードに「表記の揺らぎ」があれば入れる
❸ キーワードを詰め込まない、煽り文章を書かない

❷の「表記の揺らぎ」は、以下のようなキーワードです。

- ブドウ　ぶどう　葡萄
- スマートフォン　スマホ
- サーバー　サーバ
- ガラケー　フィーチャーフォン

ユーザーは同じ意味でもさまざまなキーワードを入力するので、メタディスクリプションには、あえて表記の揺らぎのある文章を書き、幅広いユーザーが検索結果から目的のコンテンツを見つけやすいように工夫する必要があります。メタディスクリプションには、さまざまな表記でキーワードを入れてみるべきです。

さて、144ページの**図6-12**を見てください。ユーザーの検索キーワード次第で、**メタディスクリプション内のキーワードがハイライトで表示されます。**ハイライト表示されれば、**タイトル文に検索で入力した文字がなくても、ユーザーは「このコンテンツには私の**

求めている内容がある！」と思いやすくなるので、メタディスクリプションには、❶や❷のキーワードを積極的に使ってみるべきです。

図6-12　メタディスクリプションのキーワードがハイライト表示される

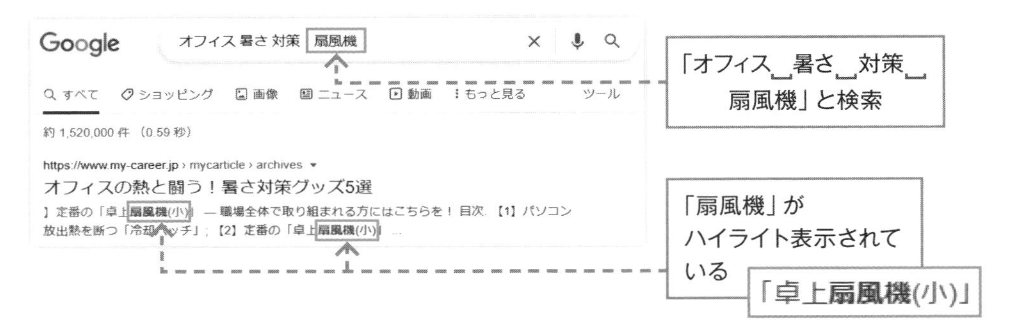

一方で、メタディスクリプションにキーワードを詰め込んだり、クリックさせたいからといって煽り文章を入れたりするのはNGです。どちらもGoogleから評価されませんし、メタディスクリプションとブログ記事がかけ離れていればユーザー行動が悪くなるきっかけを作り、それはSEOにも間接的に悪い影響を及ぼします。

最後に、メタディスクリプションの例を紹介します。

▶キーワード「オフィス␣暑い␣対策」のメタディスクリプション

オフィスのエアコンの効きが悪かったり、日当たりが強すぎるオフィスだと、室内が暑くて仕事に集中できません。本日は費用をあまりかけずに実践できるオフィスの暑さ対策5選を解説します。

▶キーワード「メンズポロシャツ␣ブランド」のメタディスクリプション

襟のあるメンズポロシャツはカジュアルでありながら、オフィスやレストランなどにも合わせやすいアイテムです。そして自分をおしゃれに着飾るなら、元バイヤーの筆者が厳選する5つのブランドから選んでみてください！

▶キーワード「iPhone 13 Pro Max␣レビュー」のメタディスクリプション

iPhone 13 Pro Maxをレビューしてみました。iPhone 12 Pro Maxと仕様上は大差ありませんが、カメラとディスプレイ性能が大幅に向上しています。iPhone 12の方は待つのもありですが、iPhone 11の方なら替えどきだと思います。

Chapter 7

ブログ記事で成果を出すための工夫

Chap. 7

ブログ記事で成果を出すための工夫

この章では、第6章で説明したことをベースにして上位表示の可能性を上げるための工夫を紹介します。現在のSEOはユーザー行動の影響を受けます。ブログ記事を読むユーザーの行動をよりよくするための考え方や、間接的にSEO評価を高めるテクニックを解説します。
現在のSEOでは、キーワードをページ内に適当に配置したり、作為的に被リンクを貼るなどのかつて流行した行為は通用しません。この章で紹介する工夫を通じて、あらためて本質的なSEOの考え方を身につけてください。

7-1 ユーザーの指の動きを止める工夫を

BtoBサービス事業者など一部を除けば、いまはほとんどの分野においてユーザーがWebにアクセスするデバイスはスマホが主流になります。これまでに述べたとおり、ブログ記事も大半のユーザーはスマホで閲覧します。**画面が小さく、下への動きが早いスマホでは、ユーザーの指の動きを止めて文章を読んでもらうことが最も重要**です。

図7-1を見てください。どちらの記事のほうが目にとまりやすく、ユーザーのスクロール行為が止まるでしょうか？　もちろん左の記事ですね。左の記事には、103ページで挙げた以下の工夫が施されているからです。

- 見出しをこまめに設置する、見出しを魅力的にする
- 画像や表、写真を挿入する
- 重要な箇所は太字や文字色などの文字装飾を使う

ユーザーがスマホの指の動きを止めてくれる記事は、ユーザー行動がよくなります。ここでいうユーザー行動とは「滞在時間」「離脱率」「スクロールの量」などの特定のデータを指すものではなく、ユーザーの行動そのものです。たとえば、滞在時間が長いほうがよいコンテンツといわれがちですが、ブログの文章量を増やせば必然的に滞在時間は延びます。ですが、もしユーザーがほしい解答が得られず、ブログ内を探し回って滞在時間が延びているなら、それはユーザー行動がよいといえるでしょうか？　筆者は、Webの特定の指標をもって、それでユーザー行動がよいとはいえないと考えます。

Googleは、検索結果上位に表示させるコンテンツを判定する要素としてユーザー行動を取り入れているとは明確に言及していません。しかし、検索ランキングを決定するアルゴリズムは絶えず更新されており、**現在はGoogleがよいコンテンツを評価する指標としてユーザー行動を取り入れているのは間違いないと筆者は考えています。**ユーザー行動がよいコンテンツほど間接的にSEOによい効果をもたらす、つまり、もともと途中離脱されやすいという特性のあるブログ記事に工夫を施すことで多くのユーザーが目をとめてくれるようになればGoogleにも注目されやすく、SEOにとってプラスの評価になりやすいということです。

図7-1　ユーザーのスクロールが止まりやすいのはどっち？

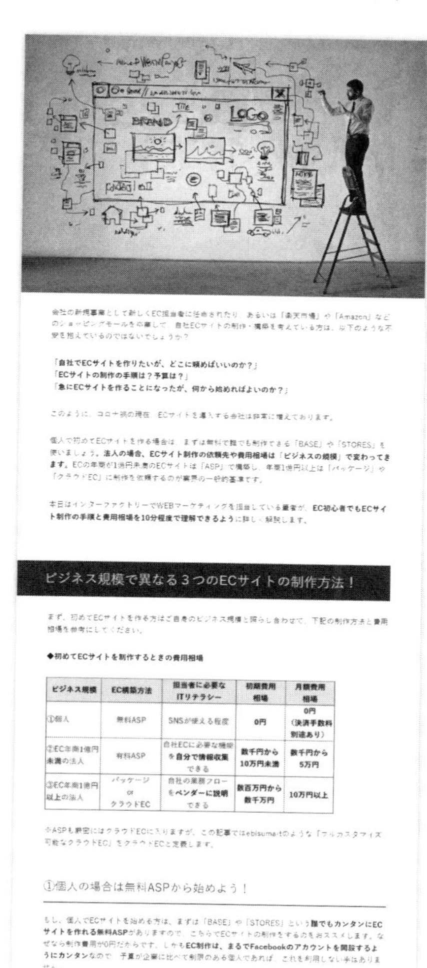

会社の新規事業として新しくEC担当者に任命されたり、あるいは「楽天市場」や「Amazon」などのショッピングモールを出店して、自社ECサイトの制作・構築を考えている方は、以下のような不安を抱えているのではないでしょうか？

「自社でECサイトを作りたいが、どこに頼めばいいのか？」
「ECサイトの制作の手順は？予算は？」
「急にECサイトを作ることになったが、何から始めればよいのか？」

このように、コロナ禍の現在、ECサイトを導入する会社は非常に増えております。

個人で初めてECサイトを作る場合は、まずは無料で誰でも制作できる「BASE」や「STORES」を使いましょう。**法人の場合、ECサイト制作の依頼先や費用相場は「ビジネスの規模」で変わってきます。**ECの年商が1億円未満のECサイトは「ASP」で構築し、年商1億円以上は「パッケージ」や「クラウドEC」に制作を依頼するのが業界の一般的基準です。

本日はインターファクトリーでWEBマーケティングを担当している筆者が、**EC初心者でもECサイト制作の手順と費用相場を10分程度で理解できるように**詳しく解説します。

ビジネス規模で異なる３つのECサイトの制作方法！

まず、初めてECサイトを作る方はご自身のビジネス規模と照らし合わせて、下記の制作方法と費用相場を参考にしてください。

◆初めてECサイトを制作するときの費用相場

ビジネス規模	EC構築方法	担当者に必要なITリテラシー	初期費用相場	月額費用相場
①個人	無料ASP	SNSが使える程度	0円	0円（決済手数料別途あり）
②EC年商1億円未満の法人	有料ASP	自社ECに必要な機能を自分で情報収集できる	数千円から10万円未満	数千円から5万円
③EC年商1億円以上の法人	パッケージ or クラウドEC	自社の業務フローをベンダーに説明できる	数百万円から数千万円	10万円以上

※ASPも厳密にはクラウドECに入りますが、この記事ではebisumartのような「フルカスタマイズ可能なクラウドEC」をクラウドECと定義します。

①個人の場合は無料ASPから始めよう！

もし、個人でECサイトを始める方は、まずは「BASE」や「STORES」という**誰でもカンタンにECサイトを作れる無料ASP**がありますので、こちらでECサイトの制作をするのをおススメします。なぜなら制作費用が0円だからです。しかも**EC制作は、まるでFacebookのアカウントを開設するようにカンタン**なので、予算が企業に比べて制限のある個人であれば、これを利用しない手はありません。

無料ASPは初期費用、月額費用とも0円ですが、商品が売れた時に「決済手数料」が３%から５%くらいかかります。（使うASPや商品の値段によって変わります）。

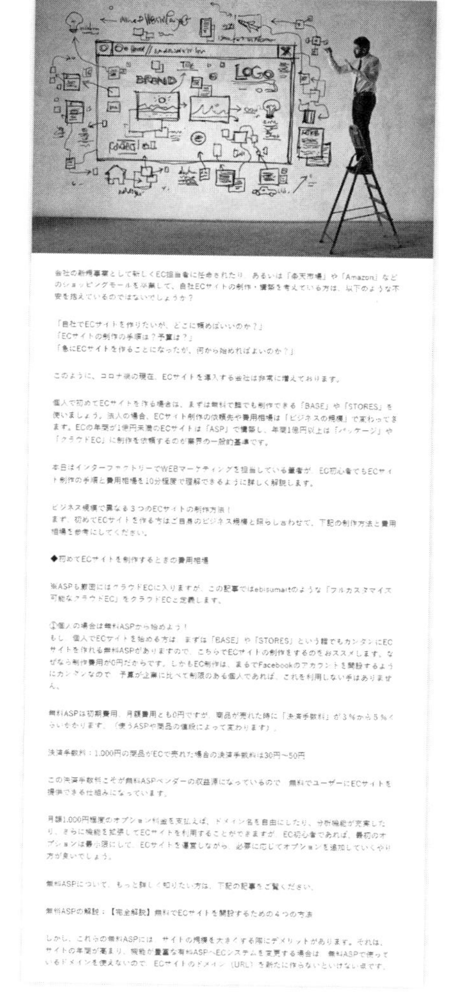

会社の新規事業として新しくEC担当者に任命されたり、あるいは「楽天市場」や「Amazon」などのショッピングモールを出店して、自社ECサイトの制作・構築を考えている方は、以下のような不安を抱えているのではないでしょうか？

「自社でECサイトを作りたいが、どこに頼めばいいのか？」
「ECサイトの制作の手順は？予算は？」
「急にECサイトを作ることになったが、何から始めればよいのか？」

このように、コロナ禍の現在、ECサイトを導入する会社は非常に増えております。

個人で初めてECサイトを作る場合は、まずは無料で誰でも制作できる「BASE」や「STORES」を使いましょう。法人の場合、ECサイト制作の依頼先や費用相場は「ビジネスの規模」で変わってきます。ECの年商が1億円未満のECサイトは「ASP」で構築し、年商1億円以上は「パッケージ」や「クラウドEC」に制作を依頼するのが業界の一般的基準です。

本日はインターファクトリーでWEBマーケティングを担当している筆者が、EC初心者でもECサイト制作の手順と費用相場を10分程度で理解できるように詳しく解説します。

ビジネス規模で異なる３つのECサイトの制作方法！
まず、初めてECサイトを作る方はご自身のビジネス規模と照らし合わせて、下記の制作方法と費用相場を参考にしてください。

◆初めてECサイトを制作するときの費用相場

※ASPも厳密にはクラウドECに入りますが、この記事ではebisumartのような「フルカスタマイズ可能なクラウドEC」をクラウドECと定義します。

①個人の場合は無料ASPから始めよう！
もし、個人でECサイトを始める方は、まずは「BASE」や「STORES」という誰でもカンタンにECサイトを作れる無料ASPがありますので、こちらでECサイトの制作をするのをおススメします。なぜなら制作費用が0円だからです。しかもEC制作は、まるでFacebookのアカウントを開設するようにカンタンなので、予算が企業に比べて制限のある個人であれば、これを利用しない手はありません。

無料ASPは初期費用、月額費用とも0円ですが、商品が売れた時に「決済手数料」が３%から５%くらいかかります。（使うASPや商品の値段によって変わります）。

決済手数料：1,000円の商品がECで売れた場合の決済手数料は30円～50円

この決済手数料こそが無料ASPベンダーの収益源になっているので、無料でユーザーにECサイトを提供できる仕組みになっています。

月額1,000円程度のオプション料金を支払えば、ドメイン名を自由にしたり、分析機能が充実したり、さらに機能を拡張してECサイトを利用することができますが、EC初心者であれば、最初のオプションは最小限にして、ECサイトを運営しながら、必要に応じてオプションを追加していくやり方が良いでしょう。

無料ASPについて、もっと詳しく知りたい方は、下記の記事をご覧ください。

無料ASPの解説：【完全解説】無料でECサイトを開設するための４つの方法

しかし、これらの無料ASPには、サイトの規模を大きくする際にデメリットがあります。それは、サイトの年商が高まり、機能が豊富な有料ASPへECシステムを変更する場合は、無料ASPで使っているドメインを使えないので、ECサイトのドメイン（URL）を新たに作らないといけない点です。

では、146ページで挙げた3つのテクニックについてポイントを見ていくことにしましょう。

テクニック❶ 見出しを魅力的にする

第6章でタイトル文の工夫について説明しましたが、基本的に見出しも同じように考えてもらえばOKです。

- ●数字を入れる
- ●キーワードを入れる
- ●「 」を使ってキーワードを目立たせる
- ●結論を含める

▶魅力的でない見出し

暑さ対策をした体験談

1. モンクレール

iPhone 13 Pro Maxの価格はいくら？

▶魅力的な見出し

体感温度がぜんぜん違う！ 「暑さ対策」を徹底したオフィスの体験談

おすすめのブランド① モンクレール

iPhone 13 Pro Maxの価格は146,800円～

基本的にタイトル文と同じといいましたが、**見出しの作り方とタイトルのつけ方には大きな違いが1つあります。それは見出しには文字数制限が特にない**ことです。

図7-2は筆者のブログです。先頭の見出しを見てください。

図7-2 見出しがPC画面でも2行になっている

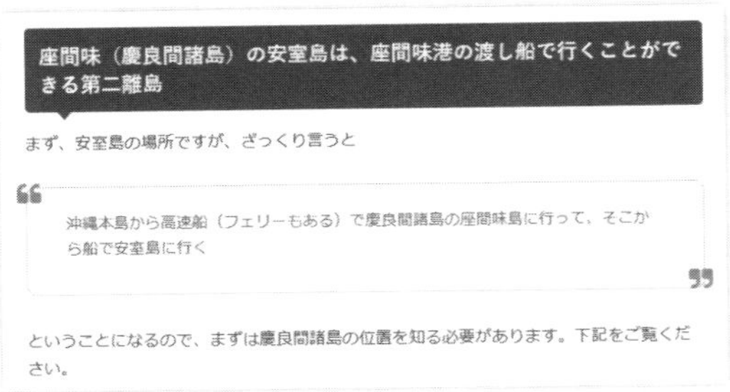

座間味（慶良間諸島）の安室島は、座間味港の渡し船で行くことができる第二離島

まず、安室島の場所ですが、ざっくり言うと

沖縄本島から高速船（フェリーもある）で慶良間諸島の座間味島に行って、そこから船で安室島に行く

ということになるので、まずは慶良間諸島の位置を知る必要があります。下記をご覧ください。

図7-2はPCでの表示で2行になっていますが、スマホで見ると3行になります。長いことは承知のうえで、ユーザーのスクロールを止めて記事を読むきっかけにすることを優先しているわけです。

見出しは長くなってもよいということを活かして、見出しの中にキーワードを入れるだけではなく、結論まで含めるのも効果的です。「見出しに結論を入れると記事が読まれないのではないか？」と思うかもしれませんが、それは発想が逆です。結論が見出しで発見できるから記事の内容に興味を持つことができ、最後まで読み進めることができるようになるのです。隅から隅まで記事を読むほどユーザーには時間がありませんから、いち早く結論や答えを示すのはユーザーファーストとなります。

テクニック❷ 画像や表、写真を挿入する

筆者は、ブログに画像、表、グラフなどを挿入する際はExcelやPowerPointを使っています。本来であればデザイナーに作図してもらったほうが見栄えがよいのですが、外注費用や社内体制を考えると、中小規模事業者にとってはデザイナーへの依頼は現実的とはいえないでしょう。筆者も同じような事情なので、ExcelやPowerPointで自作したコンテンツをキャプチャーして、スクリーンショット画像としてブログにアップロードしています（**図7-3**）。

図7-3　PowerPointで作った地図をキャプチャーしてブログに掲載

スクリーンショット画像の撮り方はPCによって異なりますが、筆者のWindows PCであればキーボードの「PrtSc」キーを押すだけです（PrtScはPrint Screenの略）。Windows PCに標準でインストールされている「ペイント」を立ち上げて、キャプ

チャーした図や絵などの必要な部分をカットして画像ファイルとして保存します。PCによってスクリーンショットの撮り方は異なるので、まずはご自分の環境での撮り方を調べてみてください。

表に関しては、HTMLでテーブルを作ったほうがSEOによいのではないか？　という論点があります。もちろん、HTMLの表であるほうがGoogleのクローラーも表の中身を理解しやすくなります。しかし、それよりも重要なのは、ユーザーにとってその表がわかりやすいか、という点です。HTMLを使ってGoogleを意識したとしても、ユーザーから見にくかったら意味がありません。**図7-4**、**図7-5**の表を見てください。

図7-4　Excelで作った表

会社	宅配便名	料金	サイズと特徴	重さ
日本郵政	定型外郵便	120円～	長辺＋短辺＋厚さが90cmまで 自由度が高い。ビジネス文書送付の利用頻度高い	4kg以内
日本郵政	レターパックラ	370円	340mm×248mm（A4サイズ） 郵便受けに届けてくれるサービス	4kg以内
日本郵政	レターパックプ	520円	340mm×248mm（A4サイズ） 対面でお届けしてくれるサービス	4kg以内
日本郵政	クリックポスト	198円	長辺34cm以下×短辺25cm以下×厚さ3cm以下 自宅で宛名印刷。ポストに投函で郵送できるサービス	1kg以内
日本郵政	ゆうメール	180円～	長辺34cm以下×短辺25cm以下×厚さ3cm以下 CD、DVD、書籍、印刷物向け	1kg以内
ヤマト運輸	ネコポス	～385円	長辺31.2cm以内×短辺22.8cm以内、厚さ2.5cm以内 WEBでラベル印刷。ドライバーが荷物を集荷に来てくれる	1kg以内
ヤマト運輸	宅配便コンパクト	～660円	長辺34cm×短辺24.8cmOR長辺25cm×短辺20cm×厚さ5cm 専用BOX（＋70円）必要メンバー割引、持ち込み割引等あり	制限無し
ヤマト運輸	クロネコDM便	167円	長辺34cm以内、厚さ2cm以内 個別契約必要。個人事業主OR法人向けサービス	1kg以内
佐川急便	飛脚メール便	168円～	長辺40cm以内、厚さ2cm以内 法人のみ利用可能	1kg以内

図7-5　HTMLで組んだ表

会社	宅配便名	料金	サイズと特徴	重さ
日本郵政	定型外郵便	120円～	長辺＋短辺＋厚さが90cmまで 自由度が高い。ビジネス文書送付の利用頻度高い	4kg以内
日本郵政	レターパックライト	370円	340mm×248mm（A4サイズ） 郵便受けに届けてくれるサービス	4kg以内
日本郵政	レターパックプラス	520円	340mm×248mm（A4サイズ） 対面でお届けしてくれるサービス	4kg以内
日本郵政	クリックポスト	198円	長辺34cm以下×短辺25cm以下×厚さ3cm以下 自宅で宛名印刷。ポストに投函で郵送できるサービス	1kg以内
日本郵政	ゆうメール	180円～	長辺34cm以下×短辺25cm以下×厚さ3cm以下 CD、DVD、書籍、印刷物向け	1kg以内
ヤマト運輸	ネコポス	～385円	長辺31.2cm以内×短辺22.8cm以内、厚さ2.5cm以内 WEBでラベル印刷。ドライバーが荷物を集荷に来てくれる	1kg以内
ヤマト運輸	宅配便コンパクト	～660円	長辺34cm×短辺24.8cmOR長辺25cm×短辺20cm×厚さ5cm 専用BOX（＋70円）必要メンバー割引、持ち込み割引等あり	制限無し
ヤマト運輸	クロネコDM便	167円	長辺34cm以内、厚さ2cm以内 個別契約必要。個人事業主OR法人向けサービス	1kg以内
佐川急便	飛脚メール便	168円～	長辺40cm以内、厚さ2cm以内 法人のみ利用可能	1kg以内

表の中の文字数がある程度あるためExcelでも決して見やすいわけではありませんが、それでもある程度セルの大きさを自分で調整することができます。一方でHTMLのテーブルをデザインなしで作ったのが**図7-5**で、表が長くなってしまい、ひと目でわかる視認性が損なわれています。表を挿入する場合は、Googleを意識したSEO対策をメインに考えるのではなく、ユーザーにとって見やすいかどうか、という点を第一にすべきです。

また、GoogleがWebコンテンツの意味を把握する能力は日々高まっており、現在では**テキスト文書でなくても、画像ファイルのコンテンツ内の文字まで理解できるようになってきているため、HTMLで表を作ることの意味は薄れてきています。**

テクニック❸ 重要な箇所は太字や文字色などの文字装飾を使う

図7-6と**図7-7**を見比べてください。

図7-6 文字装飾を入れた記事

①個人の場合は無料ASPから始めよう！

もし、個人でECサイトを始める方は、まずは「BASE」や「STORES」という**誰でもカンタンにECサイトを作れる無料ASP**がありますので、こちらでECサイトの制作をするのをおススメします。

なぜなら制作費用が0円だからです。しかも**EC制作は、まるでFacebookのアカウントを開設するようにカンタン**なので、予算が企業に比べて制限のある個人であれば、これを利用しない手はありません。

無料ASPは初期費用、月額費用とも0円ですが、商品が売れた時に決済手数料が３％から５％くらいかかります。（使うASPや商品の値段によって変わります）。

> **決済手数料：**1,000円の商品がECで売れた場合の決済手数料は**30円～50円**

図7-7 文字装飾のない記事

①個人の場合は無料ASPから始めよう！

もし、個人でECサイトを始める方は、まずは「BASE」や「STORES」という誰でもカンタンにECサイトを作れる無料ASPがありますので、こちらでECサイトの制作をするのをおススメします。

なぜなら制作費用が0円だからです。しかもEC制作は、まるでFacebookのアカウントを開設するようにカンタンなので、予算が企業に比べて制限のある個人であれば、これを利用しない手はありません。

無料ASPは初期費用、月額費用とも0円ですが、商品が売れた時に決済手数料が３％から５％くらいかかります。（使うASPや商品の値段によって変わります）。

決済手数料：1,000円の商品がECで売れた場合の決済手数料は30円～50円

どちらのほうがユーザーの目に強くとまるか、ユーザーの指の動きを止める効果が期待できるか一目瞭然と思います。太字や文字色の文字装飾は以下のような箇所を意識して使うとよいでしょう。

- 数字や金額に対して
- 主張に対して
- 固有名詞やキーワードに対して

ユーザーが見出しと太字だけを見れば、ブログ記事のおおよそを理解できるつくりにできると理想的です。カンタンではありませんが、そうなるように意識して記事を作るだけでも違います。ユーザーが短時間でブログの主張を理解できることはよいユーザー行動で、それは間接的にGoogleに評価されるコンテンツとなるのです。

7-2 ブログ記事は結論や重要なことから始める

日本の学校教育で学習する日本語の文章スタイルの基本は「起承転結」であり、起承転結では「結論」は最後とされています。そのため、ブログでも「結論は最後に持ってくる」と無意識に考えているかもしれません。しかし、**もともと離脱されやすいという特性のあるブログでは結論をなるべく早めに提示しないとユーザーはとどまってくれません。**ブログ記事では、結論をなるべく最初に提示する意識が重要となります。

第6章で説明したとおり、本文の最初には「ユーザーが求める事例やデータ、体験談」を配置します。**ユーザーが一番に求めるものを最初に配置することで、ユーザーはどうすればその事例を再現できるのかと興味を強くし、その続きを読みたくなります。**

また、事例やデータ、体験談はユーザーに行動を促すきっかけの役目もありますから具体的であることが求められます。ブログの構成を考えるときには、特に本文の最初にどのような事例やデータ、体験談を持ってくることができるか、という点を意識してください。この事例やデータ、体験談のクオリティがブログのクオリティに直結するからです。

もっとも、ブログ記事を数十くらい書いていくと、**ときには事例やデータ、体験談を用意することができない記事も出てきます。**そのときは122ページのステップやポイントから本文を始めることになりますが、その場合、記事化していくのは重要度が高い順です(**図7-8**)。せっかくよいコンテンツがあるのに、ユーザーがそれに接触する前に離脱されることは避けなければいけません。

図7-8　ステップやポイントは重要な順に構成を作る

キーワード「○○␣評判」の場合

1. 費用について（ポイント①）
2. メリットについて（ポイント②）
3. デメリットについて（ポイント③）
4. こんな方に○○は向いている（ポイント④）
5. こんな方に○○は向かない（ポイント⑤）

7-3 CVが伸び悩んでいると感じたら

検索結果上位に表示されるブログ記事が増えて、ブログのアクセス数が増えてきた。でも「売上がいまいち増えない」「なかなかCVしてくれない」「ECサイトへの誘導率が低い」といったことがよく起こります。

しかし、こういった状況は実はよいサインなのです。これは、ブログ施策による集客がうまくいっているEC事業者が必ず通る道ともいえるからです。検索結果上位の記事が増えてアクセス数が集まっているなら、売上を増やすまであと一歩です。

記事内にCVポイントを増やす

ブログ施策で最も購入率の高いユーザーとは、最後まで記事を読んでくれたユーザーです。135ページで、ブログの3部構成の「まとめ」の文末にECサイトへのリンクを設置するのが最も効果的だが、文中にリンクを設置することもあると説明しました。文中にリンクを設置することはCVポイントを増やすことです。**ブログ記事の以下のような箇所を狙ってCVポイントを設置してみましょう。**

[ECサイトへのリンク（CVポイント）を設置する箇所]

- ●商品のメリットを訴求する箇所
- ●お悩みキーワードに対する解決策を提示する箇所
- ●低価格なものを紹介できる箇所

以下に例を示します。

▶商品のメリットを訴求する箇所

このUSB扇風機は、小型でありながら風力は3段階の調節が可能で、また折り畳み式でもあることから、オフィスのPCデスクの横に置くだけでなく、持ち歩きでも便利に使えます。この商品は、以下の弊社の公式ネットショップで購入することができます。

オフィス用品の○○　ネットショップ公式ページ

▶お悩みキーワードに対する解決策を提示する箇所

風力調節機能付きのUSB扇風機は各社より販売されていますが、折り畳み式の場合、実はプラスチック部が折れやすくなっており、ちょっとした衝撃で破損してしまうことがあります。弊社のUSB扇風機は可動部分に業界で唯一鉄製部品を使っています。以下の弊社の公式ネットショップでしか販売しておりません。

オフィス用品の○○　ネットショップ公式ページ

▶低価格なものを紹介できる箇所

風力調節機能付きのUSB扇風機の相場は1,000～3,000円程度ですが、弊社ではただいま初回購入キャンペーンを実施しております。以下の弊社の公式ネットショップでは、風力調節機能付きUSB扇風機を980円で販売しています。ぜひご訪問ください。

オフィス用品の○○　ネットショップ公式ページ

また、CVポイントは上記以外にも以下のような箇所を狙って設置することができます。

▶文脈と反対の商品を訴求する箇所

このUSB扇風機は、小型でありながら風力は3段階の調節が可能で、また折り畳み式でもあることから、オフィスのPCデスクの横に置くだけでなく、持ち歩きでも便利に使えます。ただし、風力調節型はボタン操作が少し複雑です。シンプルな操作感がご希望の場合は風量調節なしの以下の商品がおすすめです。

風量調節なしのUSB扇風機はこちら

オフィス用品の〇〇　ネットショップ公式ページ

7-4 発リンクを取り入れてみる

検索順位を高める方法の1つに「発リンク」の設置があります。発リンクは、被リンク（バックリンク）の逆で、ブログ記事やWebページに外部へのリンクを貼ることです（**図7-9**）。ブログ記事では、主にほかの記事を引用するときなどに利用されます。

図7-9　被リンクと発リンク

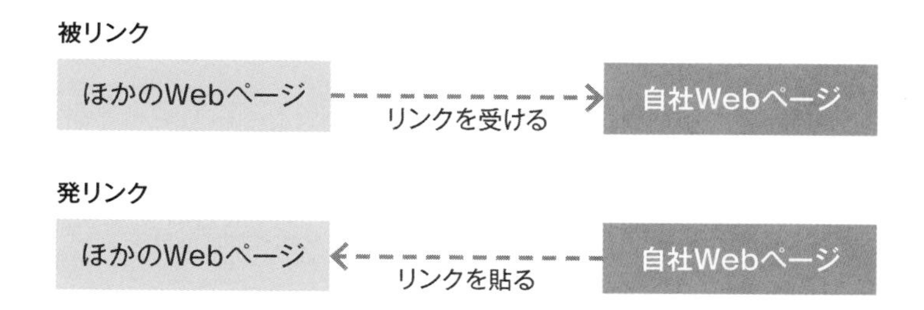

発リンクをブログ記事につけることがなぜSEOによいのでしょうか。

図7-10は、ブログ記事の主張の根拠として発リンクを設定している例です。

図7-10　発リンクの例

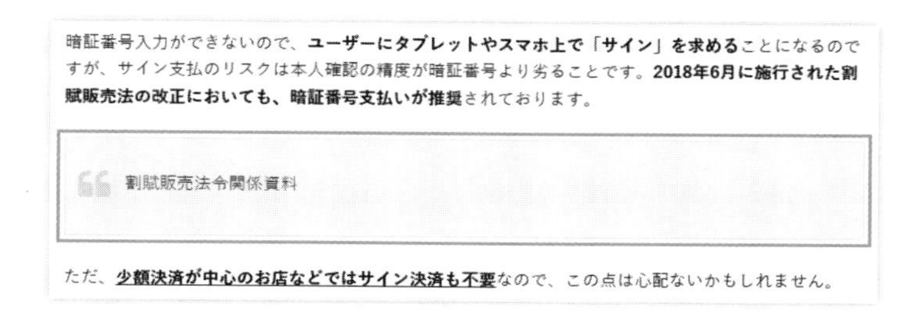

ブログ記事の主張の根拠として発リンクを使うと、裏づけが明確になるのでユーザーは安心できます。それがユーザー行動に影響し、間接的にSEOによい影響があります。

主張の根拠として発リンクを使う場合、リンク先は以下のようなWebサイトにするのが好ましいでしょう。

- 公的機関のサイト
- 大学や学術団体のサイト
- 銀行などの金融機関のサイト
- 新聞社のサイト
- そのジャンルにおける有名なニュースサイト

筆者がよく使う発リンク先は以下のとおりです。

- 経済産業省
- 厚生労働省
- 日本経済新聞
- ネットショップ担当者フォーラム
- ECのミカタ
- Yahoo!ニュース

発リンクによる引用を行っているサイトは、Googleから「安心できるサイト」という評価を受けられる可能性がアップします。26ページの**E-A-Tの視点からもブログ記事の信頼性を高めることは重要**です。

なお、引用として発リンクを貼るときは小さく貼ってはいけません。**図7-11**のように目立たせる形で貼ってください。

図7-11　発リンクであることがすぐにわかるように貼る

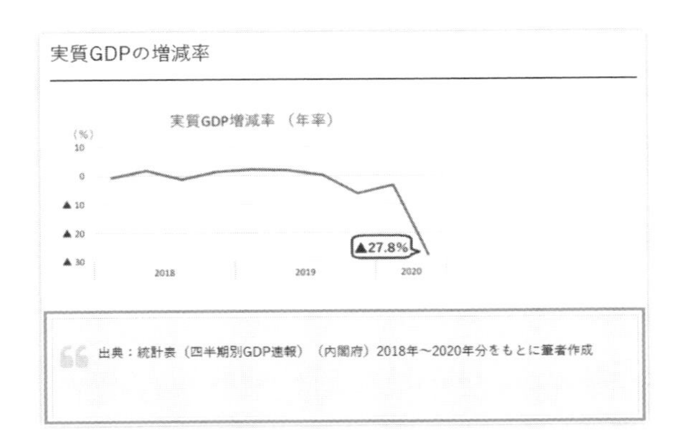

発リンクを目立たせる貼り方は、サイトからの離脱の原因になるので嫌がる向きもあります。しかし、**文章や図をほかのサイトから引用させてもらうのですから、「被リンクが貼られた」「サイトの流入が増えた」「宣伝された」など相手方にもメリットがあるようにし**

なくてはフェアとはいえません。引用でよくある「文章の盗用」「パクリ」などのトラブルを避けるためにも必須です。

7-5 古くなった記事をリライトで復活させる

ブログ記事の検索順位が上位になったとしても、記事を放置しておくと順位は必ず下がっていきます。公開した当初から時間がたつと最新性が損なわれ、古くなった記事はコンテンツの相対的な価値でライバルサイトに負けてしまうからです。

放置しておくと**図7-12**のように順位が下がります。しかし、**ブログ記事をリライトすればその問題を回避できます（図7-13）。時間が経過した記事の古い部分を修正したり、新しい内容を加筆することで検索順位を復活させることができる**のです。

図7-12　放置によって検索順位が下がる

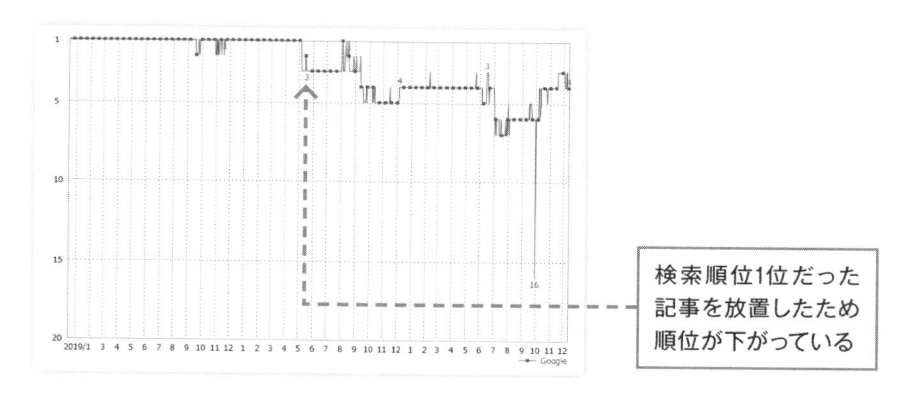

図7-13　リライトによって検索順位を回復させる

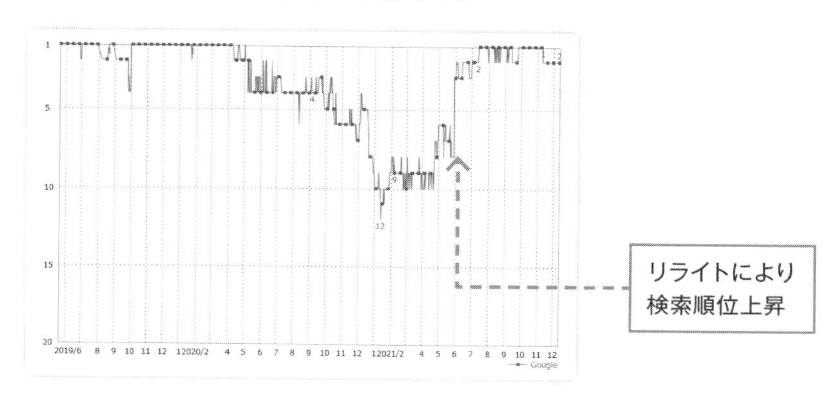

ブログ記事リライトの7つの手法

ブログ記事のリライト手法を紹介します。

▶データを更新、対象や事例を追加する

まずは、古くなったデータを最新のデータに更新します。単に更新するだけではなく、時間がたつと比較対象などが増えていることがよくあるので、対象項目を増やすべきかどうか、新たな事例が出てきていないかなどもあわせて検討してください（**図7-14**）。

図7-14　データの更新と追加

	Coiney（コイニー）	Airペイ（エアペイ）	楽天ペイ	Square（スクエア）
利用可能カードブランド	VISA MasterCard アメックス DISCOVER ダイナーズ JCB	VISA MasterCard アメックス DISCOVER ダイナーズ JCB	VISA MasterCard アメックス DISCOVER ダイナーズ JCB	VISA MasterCard アメックス DISCOVER ダイナーズ JCB
QRコード決済	WeChat Pay	PayPay LINE Pay d払い AliPay WeChat Pay	楽天ペイ AUペイ	×
電子マネー決済	○	○	○	×
オンライン決済	○	×	×	○
初期費用	実質無料	実質無料	実質無料	実質無料
月額費用	無料	無料	無料	無料
決済手数料	3.24～3.74%	3.24～3.74%	3.24～3.74%	3.25～3.95%
入金のタイミング	月6回	メガバンクは月6回 上記以外は月3回	翌日（楽天銀行） 翌営業日（上記以外の銀行で入金依頼を行う）	翌日（みずほ、三井住友） 週1回（上記以外の銀行）
振込手数料	10万円未満：200円 10万円以上：無料	無料	楽天銀行：無料 上記以外：210円	無料
対応端末	IOS、Android	IOSのみ	IOS、Android	IOS、Android

➡

	STORES決済（旧：コイニー）	Airペイ（エアペイ）	楽天ペイ	Square（スクエア）
利用可能カードブランド	VISA MasterCard アメックス DISCOVER ダイナーズ JCB	VISA MasterCard アメックス DISCOVER ダイナーズ JCB	VISA MasterCard アメックス DISCOVER ダイナーズ JCB	VISA MasterCard アメックス DISCOVER ダイナーズ JCB
クレジットカードの二回払い対応	○	×	×	×
クレジットカードのリボ払い対応	○	×	×	×
QRコード決済	WeChat Pay	PayPay、LINE Pay d払い、au Pay、J-Coin Pay、AliPay、WeChat Pay、他6種に対応	楽天ペイ au Pay AliPay WeChat Pay	×
電子マネー決済	○	○	○	○
オンライン決済	○	×	○	○
初期費用	実質無料	実質無料	実質無料	実質無料
月額費用	無料	無料	無料	無料
決済手数料	3.24～3.74%	3.24～3.74%	3.24～3.74%	3.25～3.95%
入金のタイミング	手動入金は翌々営業日 自動入金は月1回 （全銀行対応）	メガバンクは月6回 上記以外は月3回	楽天銀行は翌日 上記以外の銀行は手動で翌営業日	みずほ、三井住友銀行は翌営業日、上記以外の銀行は週1回
振込手数料	10万円未満：200円 10万円以上：無料	無料	楽天銀行：無料 上記以外：330円	無料
対応端末	IOS、Android	IOSのみ	IOS、Android	IOS、Android

▶書き出し文の時代感を新しくする

書き出し文はユーザーとブログ記事の接点であり、ユーザーに最後まで読み進めてもらうための重要なポイントでもあります。**書き出し文で「この記事はずいぶん前に書かれたものだな」と感じさせてしまうと離脱を生む原因となります。**

図7-15　書き出し文に現在の話題を追加する

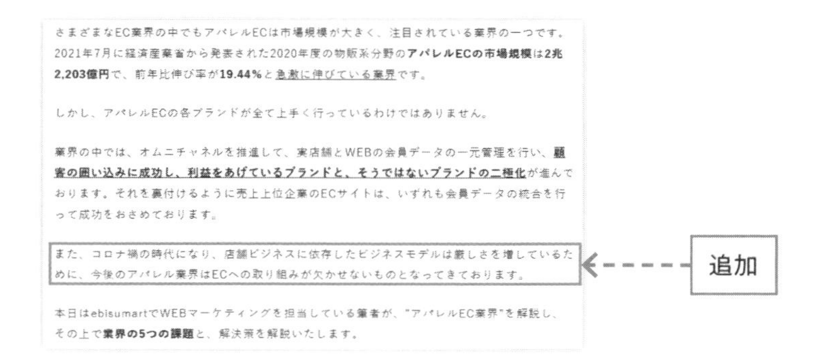

さまざまなEC業界の中でもアパレルECは市場規模が大きく、注目されている業界の一つです。2021年7月に経済産業省から発表された2020年度の物販系分野の**アパレルECの市場規模**は**2兆2,203億円**で、前年比伸び率が**19.44%**と急激に伸びている業界です。

しかし、アパレルECの各ブランドが全て上手く行っているわけではありません。

業界の中では、オムニチャネルを推進して、実店舗とWEBの会員データの一元管理を行い、**顧客の囲い込みに成功し、利益をあげているブランドと、そうではないブランドの二極化**が進んでおります。それを裏付けるように売上上位企業のECサイトは、いずれも会員データの統合を行って成功をおさめております。

また、コロナ禍の時代になり、店舗ビジネスに依存したビジネスモデルは厳しさを増しているために、今後のアパレル業界はECへの取り組みが欠かせないものとなってきております。

本日はebisumartでWEBマーケティングを担当している筆者が、"アパレルEC業界"を解説し、その上で**業界の5つの課題**と、解決策を解説いたします。

図7-15は、コロナ禍前に書いた記事の書き出し文に、現在の状況に即した文章を追加した例です。

▶本文下部の「細かいニーズ」を追加する

本文の下部は、124ページで説明した「細かいニーズ」の箇所であり、ここは文章の流れを変えずに加筆することができるため最もリライトしやすい箇所でもあります（図7-16）。新たに見出しを立ててトピックスを追加してみましょう。記事を書いた当時にはなかったニュースがあるはずですから、たとえばGoogleニュースで最新の関連ニュースを見つけて、それを引用する形で「細かいニーズ」を追加できないか検討してみてください。

図7-16　本文下部に加筆する

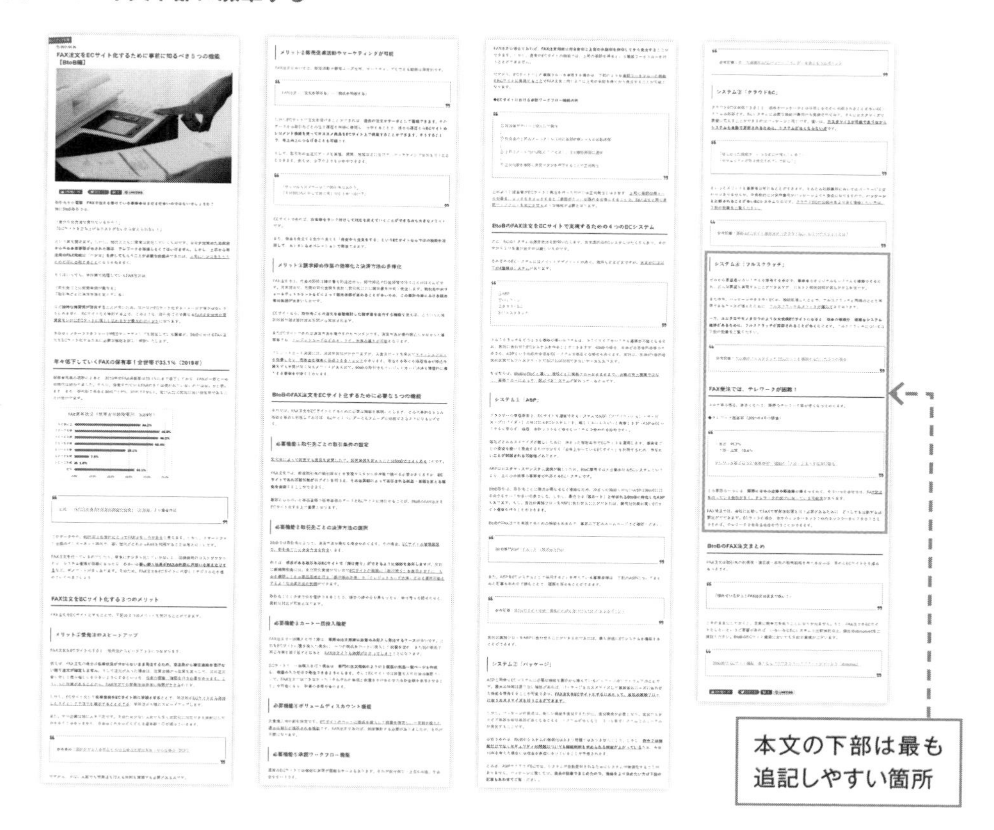

▶図や写真を追加する

時間が経過してから記事を読んでみて「わかりにくい」と感じる箇所があったのなら、図や写真を追加できないか検討してみましょう。できるだけ読みやすいように意識して作っても、公開後あらためて読んでみると説明が不足している部分が見つかるものです。

筆者は、通勤時間や待ち時間、あるいはユーザーから記事の反応があったときに過去に書いた記事を読み返す習慣があり、読みづらい点を見つけたら、すかさずリライトするようにしています。

▶内部リンクを追加する

「『SEO対策』という記事を書いたが、『メタタグ』の記事がなかった」→「数カ月後に『メタタグ』の記事を書いた」→「以前書いた『SEO対策』の記事に『メタタグ』の記事の内部リンクを貼った」。このように、当初はふさわしい内部リンクがなくてもブログ記事を書き進めていくうちに出てくることがあるので、そのときは積極的にリライトして内部リンクを貼っていきましょう。**内部リンクを積極的に貼ることでGoogleのクローラーも内部リンクを通してほかの記事にクロールしやすくなります**から、Googleに記事の関係性を理解してもらいやすくなります。

▶ヒートマップツールを活用する

ブログ上でのユーザーの動きを把握できるものとしてヒートマップツールがあります。ヒートマップツールによって明らかに読まれていない箇所がわかれば、コンテンツの順番を入れ替えたり、削除したり、新しいコンテンツを追加することで、より読まれやすい記事に仕立てることができます（**図7-17**）。**ヒートマップツールの多くは有料ですが、無料で利用できる「User Heat」というツールもあります。**

図7-17　ヒートマップツールでリライト箇所を見つける

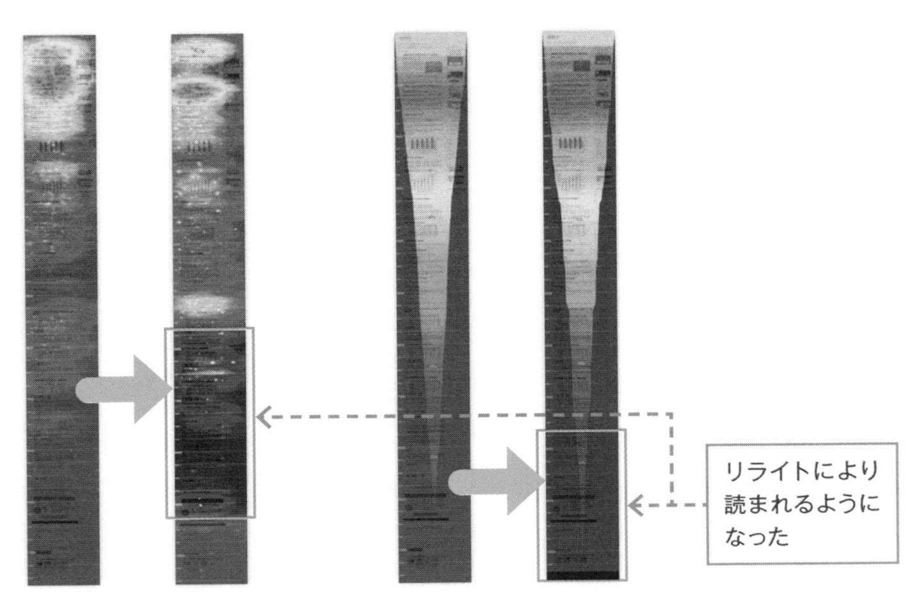

▶ タイトル文を変更する

「【2019年版】元バイヤーがおすすめするブランド9選」→「【2022年版】元バイヤーがおすすめするブランド13選」というように最新のタイトル文への変更にあわせて記事も更新します。

その際、タイトル文の文字数に注意してください。本書執筆時点ではPC画面でのタイトル文字数の上限は28文字程度ですが、この文字数はよく変わります。数年前までは32文字でしたが、それが30文字となり、いまは28文字です。この仕様は今後も変わる可能性があるので、タイトル文を見直すときは文字数の上限も確認するようにしてください。

リライト後の「記事更新日」と「記事公開日」

リライトを実施したあとは、Googleにもブログ記事が新しくなったことを伝えるために「記事更新日」を更新します。もっともWordPressを含む、ほぼすべてのCMSでは、記事を更新すると自動的に「記事更新日」もアップデートされます。

本来はそれでよいのですが、**Googleが「記事更新日」を認識せず、あくまで「記事公開日」を基準としているケースも認められます。そのため、リライトを実施したのなら「記事公開日」も更新するようにしましょう。**そうすることでGoogleも記事が新しくなったと認識してくれます。

なお、1つ注意点があります。リライトを実施していないのに、記事の公開日だけを新しくするのはスパム行為に該当します。ペナルティを受ける可能性もゼロとはいえません。記事公開日のアップデートは、リライトを実施した際に限って行ってください。

7-6 外注ライターに依頼するなら元社員や元アルバイトを候補にする

ブログ記事や商品説明文を自社で書く体制がとれない場合、外部に委託することがあります。ブログ記事や自社の商品の説明は自社の考えそのものですから、筆者は、極力外注は避け自分たちで行うべきだと考えますが、そうはいっていられない事情のこともあるでしょう。

もし外部に頼る場合は、外注ライターとのコミュニケーションが欠かせません。できれば自社商品を外注ライターに使ってもらい、実際に商品を使った人だけがわかる使用感を記事作成に活かしてもらいます。

外注ライターに依頼するときは、ブログフォーマットやチェックリストを作成し、それに沿って書いてもらうことで、ある程度の品質を担保できます。ブログフォーマットとチェックリストのサンプルを以下でダウンロードできますので参考にしてみてください。

▶ **外注ライターに依頼する場合のブログフォーマットとチェックリストのダウンロード**

ダウンロードURL
https://www.forusers.net/download/

外注ライターの候補として検討してほしいのが、元社員やアルバイト経験のある方です。そのほうが、クラウドソーシングなどでゼロからライターを探すよりもよい記事を書いてくれます。元社員やアルバイトの方も、ライティング経験がないことが多いと思いますが、先ほどのブログフォーマットとチェックリストを使う、あるいは担当者が2～3の記事を書いてそれをお手本としてもらうことで、未経験者でも慣れればそれなりの文章が書けるようになるはずです。

外注ライターとのやりとりは、記事の納品と戻しをメールで終わらせるだけでなく、定期的にレビュー会を開くべきです。メールやチャットツールで修正箇所を伝えて、その修正を行ってもらうよりもスピード感が上がりますし、ライターにこちらの意図を伝えやすくなるのはもちろん、逆にライターから意見をもらえることもあり、結果的に記事の品質が高まります。

Chapter 8

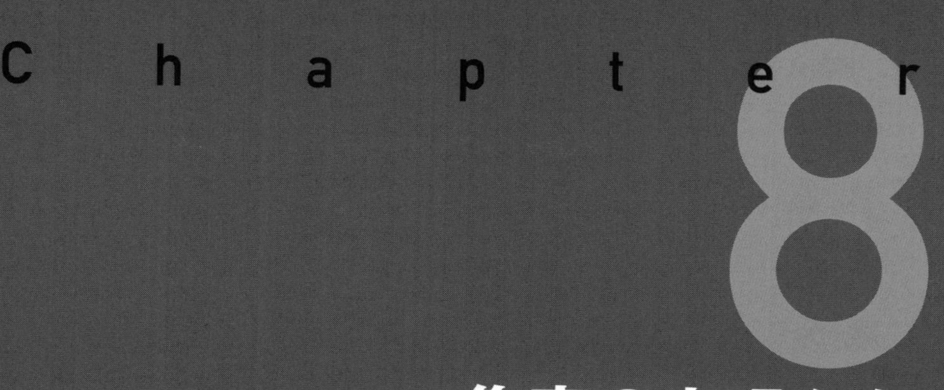

集客の実現から ECサイトの売上につなげる

Chap. 8 集客の実現から ECサイトの売上につなげる

ここまで、ECサイトで実施すべきSEO対策を中心に解説してきました。しかし、SEOに成功したからといって、それが売上に結びついていなければ意味がありません。
この章では、SEOの効果測定の方法と、SEOで成果が出ないときの対策を説明したあとで、SEOによって集客に成功したECサイトの売上を高めるためのアイデアについて紹介します。

8-1 検索順位を計測する前に知っておくべきこと

SEO対策を実施したあとに必要になるのが効果測定です。キーワードが10個未満であれば手作業でもできないことはありませんが、やはり効率がよくありません。無料で使えるツールもあるので、ツールをうまく使って効果測定を行いましょう。

SEOは計測場所、計測者によって順位が異なる

SEOの効果測定を考える前に知っておいてほしいことがあります。**SEOは計測場所、計測者によって検索順位が異なることがある**ということです。

筆者の経験ですが、普段は東京で検索順位を計測していたところ、関西に出張した折、急激に順位が落ちている記事を複数見つけました。すぐに同僚に連絡して検索順位を確認させましたが、「SEOは変わらず好調ですが？　何か問題でも？」という答えが返ってきました。このような経験を筆者は何度もしています。

また、同じ地域であったとしても、計測者によって検索順位は微妙に違います。なぜこのような順位の違いが起きるかというと、Googleはパーソナライゼーションという手法を採用しており、ユーザー満足度を高めるために、Google検索をする1人ひとりのブラウザに最適化した検索結果を提供しようとしているからです。端的にいえば、「よく見るサイト」の検索順位は通常よりも高くなる傾向があります。

これらのことから「本当に正確な検索順位」というのは実は計測のしようがないものなのかもしれない、ということを覚えておいてください。

検索順位を正確に把握するためのブラウザの機能

ブラウザにはChrome、Safari、Edgeなどさまざまありますが、それらのブラウザに必ず用意されている機能があります。それが「シークレットウィンドウ」や「プライベートウィンドウ」と呼ばれる機能です（**図8-1**）。ブラウザによって機能名が違います。

- Chrome ➡ シークレットウィンドウ
- Safari ➡ プライベートウィンドウ
- Edge ➡ InPrivateウィンドウ

図8-1 Chromeのシークレットウィンドウ

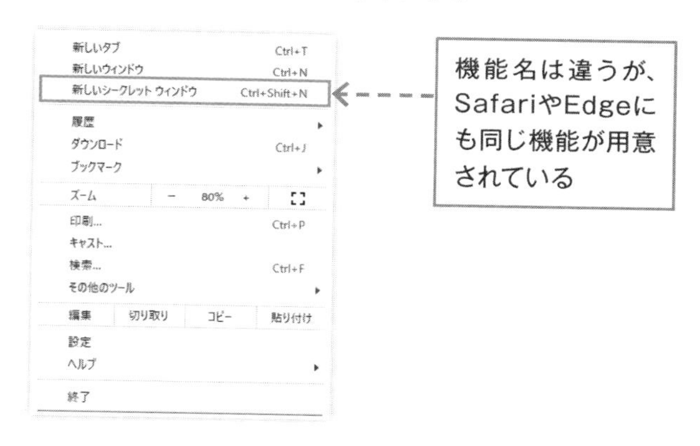

これは、ブラウザに閲覧履歴、Cookie、ブラウジングデータなどが保存されない新規のウィンドウとして利用できるもので、家族間や学校でPCを共有して使っているときなど自分の閲覧データを見られたくない場合に使う機能です。この機能を使うと、Googleのパーソナライゼーションがされていない状態でGoogle検索を行うことができるため、精度が比較的高い検索順位を計測することができます。ただし、このやり方であっても、検索順位は地域や計測者により異なる面があるので、本当に正確な順位はGoogleにしかわからないのが現状です。

とはいえ、正確ではないといっても誤差程度のものですし、**SEOではその瞬間の検索順位よりも検索順位の上がり下がりの経緯のほうが重要**なので、そこまで気にする必要はありません。

無料で使える計測ツール

計測ツールは、ECサイトが小規模であったり、ブログ記事の本数が少ないうちは無料のものでも十分です。代表的な2つのツールを紹介します（**図8-2、図8-3**）。

図8-2　SEOチェキ！

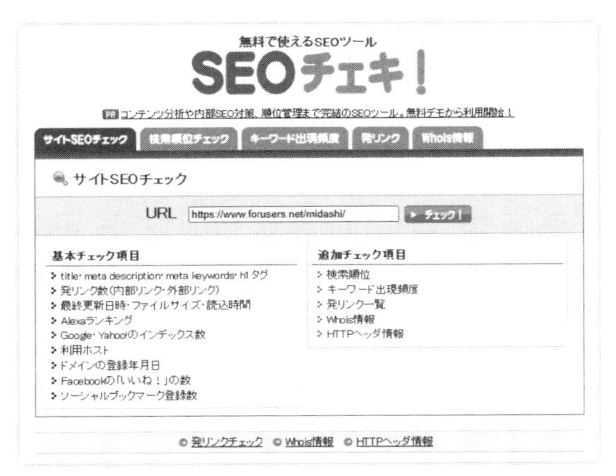

https://seocheki.net/

計測したいサイトのURLと計測キーワードを入力するだけで使える最も手軽なツールです。1回あたり3つのキーワードまで計測できます。ただし、手作業での計測と似たところがあり、手間がかかる面もあります。

図8-3　GRC（無料版）

SEO業界で最も有名な検索順位計測ツールです。**20キーワードまでは無料で使用することができます。**計測したいサイトのURLと計測キーワードを登録するだけで、毎日指定した時間に順位計測ができるので非常に便利です。Google、Yahoo!、Bingでの順位を測ってくれるので、検索エンジンごとの傾向も見ることができます。検索順位の推移を視覚化してくれるグラフもとても見やすいです。

ただし、ブラウザ型のツールではなく、インストール型のツールのため通常の設定ではチームで共有することはできません。担当者のPCで運用するか、あるいはSEO計測用のPCを設置してチームで見ていくしかありません（GRCにもブラウザで閲覧する機能が用意されていますが、別途設定が必要です）。

8-2 検索順位が上がるまでの期間

ECサイトの商品ページにしても、ブログ記事にしても、SEO対策を行ってからどれくらいで効果が出るのかはとても気になる点でしょう。もし、今回はじめてSEO対策に取り組むとするなら、効果が出るまでに半年から1年程度の時間がかかります。

図8-4は、筆者の知り合いの個人事業主のサイトで筆者がボランティアでブログ記事を書いた、とあるキーワードの検索順位の推移です。筆者がフルライティングしましたが、上位になるのに半年程度かかりました。

図8-4　検索順位1位までに半年かかった

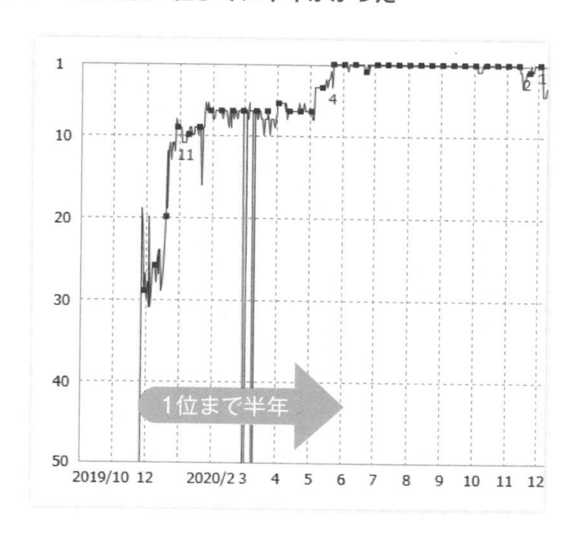

これまで述べてきたとおり、SEOは中長期的施策です。最初のうちは順位計測しつつも、順位ばかりに気をとられずにブログ記事を量産していくほうがはるかに重要です。たとえば、**「はじめの3カ月はSEOの結果よりも、月に4本しっかりブログ記事を書いていく」といった目標を立て、それを実行していくほうが生産的ですし、モチベーションも保ちやすい**はずです。

8-3 1年経過しても検索順位が上がらないときは?

いくら中長期的な施策といっても、1年たっても検索順位がつかない場合は見直しを図る必要があります。ここではよくある間違いを挙げて、その対処法を説明します。

商品ページの検索順位がなかなかつかない

ECサイトの商品ページにSEO対策を行っても効果が得られない場合は、そもそも狙っているキーワードが大きすぎるという点が考えられます。43ページで述べたとおり、大手ECサイトはSEOに非常に強いです。

勝負するキーワードを変更して、月間平均検索数が少なめの複合キーワードを狙う戦略に切り替えてみましょう。以下の例を見てください。

[効果の出にくいSEOキーワードの例]

- イヤリング ➡ 月間平均検索数74,000
- ノートパソコン␣おすすめ ➡ 月間平均検索数110,000
- タンブラー␣おしゃれ ➡ 月間平均検索数12,100

[効果の出やすいSEOキーワードの例]

- イヤリング␣挟む␣タイプ ➡ 月間平均検索数480
- ノートパソコン␣5万円以下 ➡ 月間平均検索数390
- タンブラー␣コンビニ␣そのまま ➡ 月間平均検索数390

SEOで効果を出しやすいのは複合キーワードです。キーワードが2語、3語と増えるにつれて月間平均検索数は少なくなり、その分競合も少なくなります。**このような複合キーワードであれば大手EC事業者でなくても検索結果上位にすることは可能**です。

ブログ記事の検索順位がなかなかつかない

ブログ施策を行ってもブログ記事の順位がつかない場合、その理由は以下のいずれかであることがほとんどです。

- ユーザーニーズとズレている
- 宣伝が多い記事で、ユーザーニーズを満たせていない
- 文字数が3,000文字以下で競合サイトに負けている

- 誰でも書けそうな内容に終始している
- 過去の記事の質が低い
- ほかのブログ記事の内容を真似しすぎている
- 記事が読みにくい
- 記事数が少ない
- noindex設定のままになっている
- 過去にSEO業者に依頼して被リンク施策を実施したことがある

1つずつ見ていきましょう。

▶ユーザーニーズとズレている

たとえば、「英語␣メール」と検索してみてください。検索結果上位のサイトは、「英語メールの書き方」や「英語メールのテンプレート」を紹介しています（**図8-5**）。

図8-5 「英語␣メール」での検索結果上位

このニーズを顧みずに、「よし！　英語メールを教えてくれる英会話スクールベスト10の記事を作れば役に立つし、上位になるに違いない」と考えてコンテンツを作ったらどうなるでしょうか。「英語␣メール」の検索結果上位は、いずれも「書き方」や「テンプレート」です。「英語メールの書き方を教えてくれる英会話スクール」の情報ではありません。

ユーザーニーズとのズレをなくすには、109ページの「検索ニーズ」と「本当のニーズ」の考え方が有効です。

▶宣伝が多い記事で、ユーザーニーズを満たせていない

EC事業者がブログ記事を書くのはECサイトの売上を高めるためです。しかし、ユーザーがブログ記事を読むのは、何かを悩んでいたり疑問がある場合が多くを占めます。そのようなユーザーに対して、商品の宣伝や訴求ばかりの文章が心を打つでしょうか。

もし商品の宣伝ばかりが前面に出たブログ記事になっているのなら、一度立ち止まって、**ECサイトのための宣伝・訴求をすべて削除してから、ユーザーニーズを満たす文章に書き換えてみてください。**まずはブログ記事の検索順位を上げることに集中するということです。宣伝や訴求は、順位が上がってからでも十分間に合います。

▶文字数が3,000文字以下で競合サイトに負けている

検索順位に文字数は関係ありません。しかし、ユーザーニーズを満たそうとするなら、それなりの文字数が必要となります。筆者の経験からいうと、**検索順位が上がらないという事業者の記事は文字数が3,000文字以下のケースが多い**です。

ユーザーニーズを満たしながら文字数を増やす方法は2つあります。

- 主張に対する根拠と具体例をしっかり書く
- 「細かいニーズ」も追求する

▶誰でも書けそうな内容に終始している

競合サイトを意識しすぎて、誰でもいえるような当たりさわりのない内容ばかりの記事になっていないでしょうか。記事には主張が必要です。記事に主張を持たせるために、ご自分の体験談を書いたり、そのことを体験したことがある人に取材してみてください。**そのような情報はユーザーもGoogleも大好物**です。

▶過去の記事の質が低い

ブログを担当していた前任者が退職したあと、新しい担当者になって質の高いブログ記事を投入しても効果が見えにくい場合、過去の記事が原因になっていることがあります。たとえば、文字数が1,000もないような記事が100存在し、101記事目から3,000文字以上の質の高いコンテンツを投入しても、質の高いコンテンツがGoogleからなかなか評価されないといった場合です。そのときは過去記事をリライトして、過去のコンテンツを強化することも必要になります。

あまりに過去記事が多く、それが足を引っ張る場合は削除も視野に入れますが、一気に

削除してしまうと、ますますGoogleの評価が下がるので注意が必要です。新規記事の投入から半年が経過しても検索順位がつかない場合は、過去記事のリライトや重複しているコンテンツの削除を検討してみましょう。

▶ほかのブログ記事の内容を真似しすぎている

SEO初心者であれば、狙っているキーワードで検索して、競合するサイトを参考にするのは当然のことです。しかし、競合サイトがその内容で検索結果上位だからといって、ほとんど同じようなブログ記事を作ったのなら、あなたのブログ記事の価値はどこにあるのでしょうか。筆者は、ほかのサイトでも言及していることだけを記事にしたようなものに価値はまったくないと考えます。

まずは実体験と取材に基づいた記事を書いて、独自の価値をインターネット上に提供する習慣を身につけていきましょう。Googleは、まだ世に出ていないコンテンツが大好きです。Googleは日々新しいコンテンツを探しているのです。あなたの記事に新しい価値があれば必ず検索順位は上昇します。

▶記事が読みにくい

同じ程度の品質のブログ記事が2つあったとして、それが読みやすい記事と読みにくい記事であったのならGoogleは読みやすい記事を評価します。それはGoogleが直接コンテンツを評価するというよりも、ユーザー行動が間接的にSEOに影響しているからです。**読みにくいブログ記事は、目的を達する前にユーザーが離脱してしまいます。そのような行動が積み重なると、ユーザー行動が悪い記事であることが明らかになってしまい、結果として検索順位が上がりづらくなっていく**のです。

以下は、ユーザーの指の動きを止めるための工夫として103ページで紹介したことですが、これは読みやすい記事を作るための工夫でもあります。

- 見出しをこまめに設置する、見出しを魅力的にする
- 画像や表、写真を挿入する
- 重要な箇所は太字や文字色などの文字装飾を使う

▶記事数が少ない

記事の数が5未満ではSEOで効果を出すのは難しいです。5記事程度の記事数ではクローラーがブログにやってこないため、Googleがブログを認識しづらいのです。まずは10記事書くことを目指してください。

10記事書いて、すべての記事で検索結果上位になることはありません。**10記事をしっかり書けば、そのうちの2～3記事はSEOで順位がつくようになります。**1記事の検索

順位ばかりにとらわれず、順々に記事数を増やしていくことを意識してみてください。

▶noindex設定のままになっている

Google検索に対してメタタグの設定が「noindex」のままになっていないか設定を見直してみましょう（**図8-6**）。noindexは、Googleに「この記事は検索結果に掲載しないでください」といっているのと同じことです。すぐにnoindexをとってください。

図8-6　WordPressのnoindexを設定する画面

よくあるのが上司の公開許可がとれるまでnoindexにするつもりが、上司から許可が出てブログ記事を公開したあともnoindexをとり忘れているケースです。ブログシステムにドラフト環境がなかったりする場合に、このようなミスを犯してしまうことがあります。

▶過去にSEO業者に依頼して被リンク施策を実施したことがある

過去にSEO業者にSEO対策を依頼し被リンクを受けている場合、Googleからのペナルティによって検索順位がつかないことがあります。Googleは、Googleのアルゴリズムをハッキングして順位上昇だけを狙う対策を非常に嫌います。過去にそのような対策を実施していた場合は、まずは被リンクを外します。被リンクを否認するためのツールがGoogle Search Consoleの機能の1つとして提供されているので、この機能を使って被リンクの否認申請をしましょう。

ただし、このような手を打ってもGoogleからのペナルティが外れる保証はないので抜本的な解決にはならないケースもあります。その場合はSEOの観点からいうと、ドメインを変えてゼロから対策するなどしか方法がなくなります。

8-4 まずは10記事だけ書くことに集中する

ブログ記事を書く時間がとれないというEC担当者の方がほとんどだと思います。EC担当者の業務は多岐にわたるため、手が空く時間を待っていてもそれはいつまでもやってきません。忙しい中でも中長期的施策であるSEO対策に着手しなければ、延々と広告費を払い続けるしかなくなります。

時間のないEC担当者におすすめしたいのが、しっかりしたブログ記事を10記事だけ書いてあとは放置してみるという手です。**図8-7**は、筆者の趣味のブログの、とあるキーワードでの検索順位の推移です。このブログの記事数は限られています。しかし、半年後には順位がついていることがわかります。

図8-7　筆者のブログの検索順位の推移

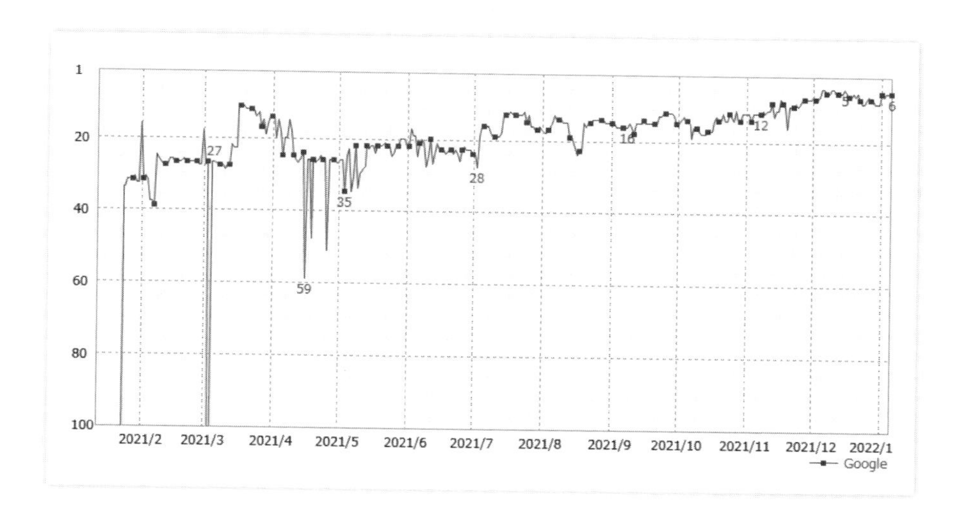

どんなに忙しいEC担当者でも検索順位がつくことがわかれば記事を書くモチベーションが自然とわいてくるはずです。そのためにまずは10記事程度が必要となるのです。最初の1～3カ月はブログ記事を書くことに集中して、あとは順位計測だけを行い半年程度放置してみてください。しっかりした記事が書けていれば、**図8-7**のように検索順位が上昇し、アクセス数が増えているはずです。

8-5 ユーザーを集められるようになったのに売上に結びついていないと感じたら

ブログ記事が100を超えて、多くのトラフィックを集められるようになったのに、ECサイトの売上が思ったほど伸びていない……。でも大丈夫です。仮に売上に結びついていないとしても、十分に見込み客を集客できているのですから、あと少しの工夫でCVへとつながります。ここでは、ブログでの集客の成功を売上に結びつける仕組みについて説明します。

たった一度でもECサイトで買い物をしてもらう

多くのユーザーは、Amazon、楽天市場、ビックカメラ、ユニクロなどの大手ECサイトで買い物をすることに慣れており、聞いたことのない中小規模のECサイトで買い物することには抵抗感を覚えるものです。**そこで必要になるのが「初回購入を絶対に成功させる」という考え方**です。どんなECサイトでも一度の買い物体験があれば、次に買い物することに抵抗感が少なくなります（**図8-8**）。ECサイトでは、初回購入の成功と失敗でその後の売上が大きく異なります。

図8-8　初回購入の成功と失敗

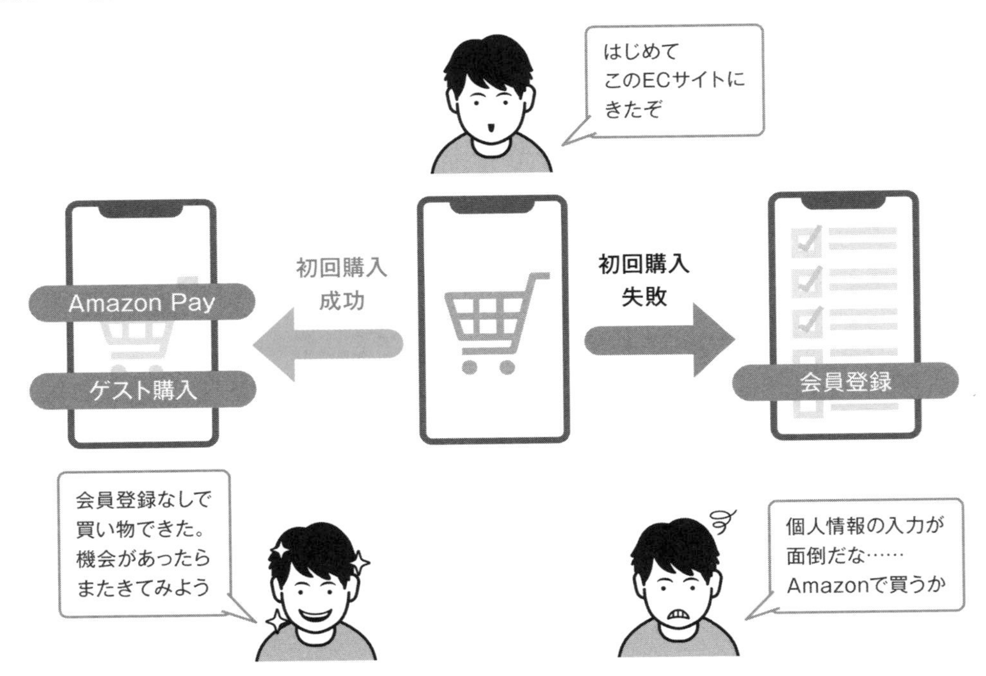

初回購入を成功させるために、特別な割引クーポンや特典を用意してみましょう。そしてブログ記事で以下のようなオファーをしてみるのです。

> この記事を読んでくれた方限定で、15% OFFのクーポンをプレゼント！　クーポン番号は「0001」です。購入画面でクーポン番号を入力してください。

> ただいま、初回購入者限定で1,000円割引キャンペーンを実施しています。下記の弊社ネットショップで商品を購入し会員登録を行ってもらえれば、3,000円以上お買い上げの方を対象に1,000円割引いたします。

「お悩みキーワード」や「比較、おすすめキーワード」でブログを訪れているユーザーに特別な価格を提供できれば購入率は高まります。ここで提供するのは採算ギリギリの割引額です。

以下を見てください。SEO対策で新規顧客を集め、リピート購入を促し、優良顧客を増やす取り組みがECサイトの売上を安定させます。集客のゴールとしても、リピート施策の入口としても「初回購入」はECサイトにとって非常に重要なポイントであることがわかると思います。

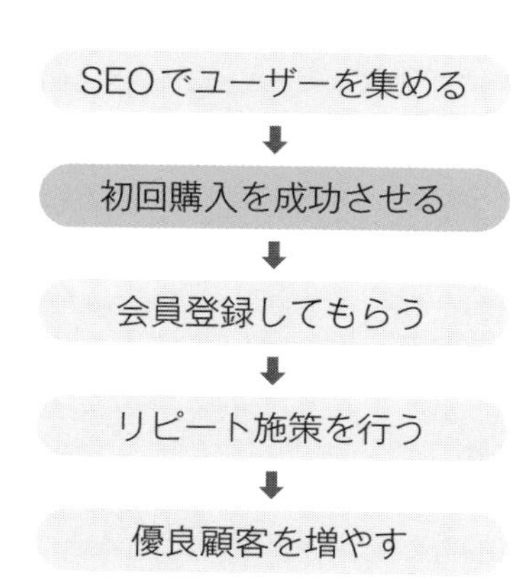

初回購入を成功させる8つの方法

初回購入を成功させるための代表的な方法を説明します。EC事業者にはおなじみの施策もありますが、「初回購入の成功」という点を意識することで施策の見方も変わるかもしれません。

以下の方法の中には予算のかかるものもありますし、無料で実行できるものもありますが、試せるものから試してみるスタンスでOKです。ただし、複数の方法を同時に実行してしまうと、どの方法が初回購入に効果があったのかあいまいになってしまいます。1つずつ実行していくことが確実です。

[初回購入を成功させる8つの方法]

- Amazon Payや楽天ペイなどのID決済を導入する
- 送料無料を取り入れる
- ゲスト購入を促す
- クーポン訴求を行う
- Web接客ツールを導入する
- チャットを設置する
- かご落ちメールで対策する
- お役立ちPDF資料を作る

それぞれについて見ていきましょう。

▶Amazon Payや楽天ペイなどのID決済を導入する

大手のECサイトと比べると中小規模事業者のECサイトは信頼感で劣ります。ユーザーは、メジャーではないECサイトでクレジットカード番号を入力することに不安を覚えますので、それを取り除くことが大切です。そこでおすすめしたいのが、Amazon Payや楽天ペイをはじめとするID決済です。

図8-9
ID決済ならユーザーは会員登録しなくていい

トイザらス
https://www.toysrus.co.jp/

図8-9のように、あなたの会社のECサイトにAmazon Payを導入すると、ユーザーは個人情報やカード情報を入力しなくてもAmazonのIDとパスワードでログインするだけで商品購入ができます。EC事業者にとっては、かご落ちを防ぎ、初回購入の成功率を高めるメリットがあるため、ECサイトにAmazon Payや楽天ペイを導入する事業者が増えています。

そのほかにもPayPay、d払い、Apple Pay、LINE PayなどさまざまなID決済が普及していますが、シェアはAmazon Payと楽天ペイが圧倒的なので、導入するのならまずはAmazon Payか楽天ペイのどちらかでよいでしょう。利用しているECカートシステムのホームページで利用可能なID決済や、ID決済の利用方法などを確認できます。

▶送料無料を取り入れる

EC事業者は配送の際に宅配事業者にコストを支払っているので、送料をユーザー負担にするのは当然のことです。しかし、送料は無料という考え方が当たり前のようになっており、送料無料でないために購入を見送られることもあります。

図8-10は、アメリカのECサイト利用者964人に対してアンケートを行った結果です。この調査からは、**送料無料サービスはECサイトを選ぶ際の最も重要な要素**ということが読み取れます。また、同調査では「91%の消費者は送料無料サービスがない場合は注文しない」という結果も出ています。

図8-10　ECサイトで商品購入を見送った理由

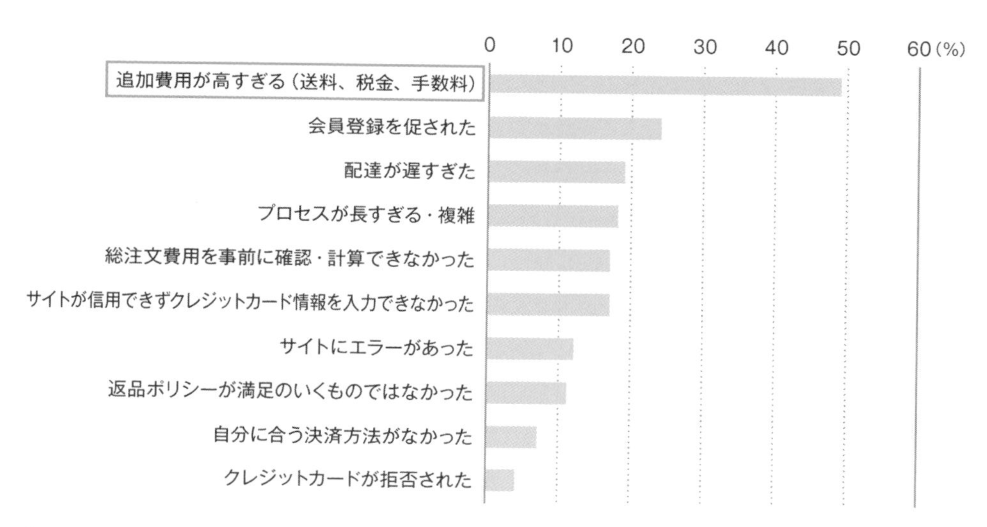

出典：Baymard Institute社のデータをもとに作成
https://baymard.com/lists/cart-abandonment-rate

あくまでアメリカでの調査ですが、**送料無料でないECサイトが選択肢から外れるという状況は日本でも近いものがあると考えます。** 中小規模のEC事業者は大手に比べて仕入れ価格が高くなるため、送料無料を行うのはカンタンではありません。「全商品送料無料」が無理であれば、「商品限定」「期間限定」「会員限定」などの可能性を探ってください。

そして送料無料を実施するのなら商品ページでしっかり目立たせましょう。ユーザーにすぐに気がついてもらえるように、トップページ、カテゴリーページ、商品ページと多くのページで訴求してください。

▶ ゲスト購入を促す

先ほどの**図8-10**では、購入を見送った理由として「会員登録を促された」が24%となっており、ユーザーが会員登録を面倒に思っていることがわかります。その対策になるのが「ゲスト購入」です。

多くのECカートシステムでは、「非会員でも購入可能」か「購入するには会員登録が必要」のどちらかを選択することができるはずです。会員登録をためらうユーザーは一定数いるので、「非会員でも購入可能」なゲスト購入を取り入れてみてください。大手の楽天市場でもゲスト購入を設けているくらいです。

ただし、ゲスト購入は会員登録と相反するものですから、ゲスト購入時には「会員登録しないことのデメリット」もあわせて訴求するようにします。

[会員登録しないことのデメリットの例]

- ポイントが付与されない
- クーポンが使用できない
- キャンセルできない
- 予約販売ができない
- コンビニ決済ができない

▶ クーポン訴求を行う

クーポンは、まだECサイトで買い物をしたことのないユーザーの初回購入を後押しする有効なインセンティブです。

クーポン訴求はトップページだけでなく、カテゴリーページや商品ページでも繰り返し行います。 なぜなら、新規ユーザーが最初に接触するのはトップページとは限らないからです。また、クーポンを商品ページだけに設置した場合、カテゴリーページで商品を選んでいるユーザーには届きません。

スマホの小さな画面ではクーポンを設置しても気づいてもらえない場合もあります。そんなときに便利なのがポップアップバナーを表示できるWeb接客ツールです。

▶Web接客ツールを導入する

Web接客ツールを使うとポップアップバナーを表示できます。ここでは、ポップアップバナーによる4つの訴求方法の例を紹介します。

図8-11は、**カテゴリーページで迷っているユーザーに対して限定商品をおすすめする**ものです。商品ラインナップが多数ある場合など、どれを選んでいいのか迷っているユーザーに限定商品をおすすめすることで「いまだけ感」を演出して初回購入を後押しします。

図8-11　限定商品訴求

図8-12は、**新規ユーザーにポップアップバナーを提示して会員登録を促す**ものです。ポップアップバナーで「ポイントプレゼント」「クーポンプレゼント」「送料無料」などと訴求して新規会員登録画面に誘導し、初回購入に導きます。

図8-12　会員登録訴求

図8-13は、**商品ページに滞在しているユーザーにほかの商品をすすめてみる**ものです。たとえば商品ページを見ていて、なかなかページ遷移しないユーザーに目玉商品や売れ筋商品、価格が安くて買いやすい商品などを提案して初回購入を促します。

図8-13
別商品訴求

図8-14は、**電話注文のほうが購入率が高い事業者においてECサイトから電話注文に遷移させる**ものです。電話注文を受けつけている事業者限定ですが、高額商品やサイズ感が問われる商品の場合に有効といえます。シニア層がターゲットである場合やコールセンターが整備されている場合などにも積極的に利用したい方法です。

図8-14
電話注文訴求

ユーザーの属性や扱う商品、設置する場所によってポップアップバナーによる訴求方法を変更してみましょう。Web接客ツールは各社から提供されていますが、安価なサービスでは「Flipdesk」が有名です。

▶ チャットを設置する

商品ページやカート画面にとどまってしばらく画面遷移しないユーザーは、何らかのトラブルに遭遇している可能性があります。購入できずに困っているユーザーにチャットを表示してサポートすれば、購入率とともに満足度も高まります。

ユーザーがカート画面で止まっているのなら、商品は検討したもののECサイトを離脱しようとしている可能性があります。これが実店舗なら、スタッフがユーザーに声をかけて検討している商品のことを聞いたり、お得なキャンペーン中の商品をアピールしたりするでしょう。ECサイトでもチャットによってサポートが可能です。

チャットは、ECサイト画面下部に最初から設置してもよいのですが、そうすることのデメリットはECサイトのデザインに一体化してチャットの存在に気がついてもらえない場合があることです（**図8-15**）。**ユーザーが数十秒以上とどまっている場合に限定して**

チャットを表示するほうが、チャットを利用するユーザーは増えます。 ZOZOTOWNもこの方法を採用しています。

図8-15　最初からチャットが表示されている場合とそうでない場合

有人のチャットはスタッフが対応しなくてはいけませんが、チャットボットなら無人でも対応することが可能です。チャットボットには、よくある質問をFAQデータとしてインプットします。チャットボットはASPサービスで月々数千円から利用できるものから、AIを利用した高度なものまでさまざまあります。チャットボットでは対応しきれない問題を有人チャットに切り替えることも可能です。注文件数が少ないうちは有人チャットで対応し、注文件数の伸びを見てチャットボットを検討してみるのもよいでしょう。

▶かご落ちメールで対策する

ECサイトの主戦場はスマホです。**スマホはLINEなどアプリからの通知が常にあるため、購入意欲が高いユーザーでも一定層が離脱します。** いわゆる、「かご落ち」です。かご落ちしたユーザーの買い物を復活させる方法が、かご落ちメールです。買い物かごのリンクをメールで送付して買い物を復活させます。筆者の経験からいうと、**かご落ち対策を実施すれば、かご落ちしたユーザーの中から1割程度は復活させることができます。**

かご落ちメールは3回は送信しましょう。設定間隔はたとえば、

- 1時間後
- 1日後
- 1週間後

といった具合です。最初のメールはかご落ち直後のほうが効果が高くなりますが、商品によっても変わるので1～3時間の範囲で効果を測ってみるとよいでしょう。メールの内容は毎回同じではなく、**図8-16**のように変化をつける工夫をしてみるべきです。

図8-16　かご落ちメールの例

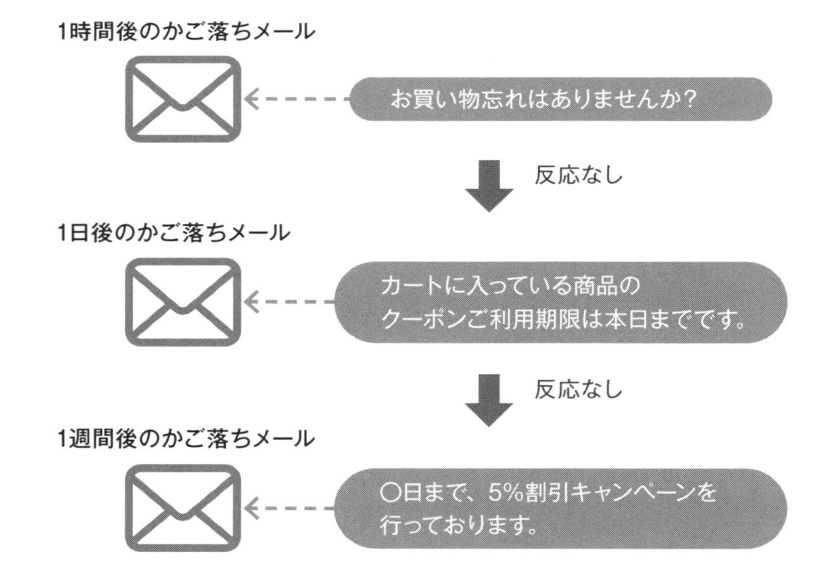

▶お役立ちPDF資料を作る

CVRの高いECサイトでも、その数字はせいぜい1%程度です。そうするとECサイトを訪れた99%の人はただ離脱しているわけで、それは非常にもったいないことです。少しでもそれを解消するために、お役立ちPDF資料を作成して、ブログ記事の末部分などに資料ダウンロード訴求のバナーを設置してみましょう（**図8-17**）。

お役立ちPDF資料は、たとえば以下のような内容で作成します。

- ●アパレル事業者の場合 ➡ 着こなしや費用感のわかるカタログPDF
- ●健康食品事業者の場合 ➡ 健康増進のためのカンタンな運動や食習慣をまとめたPDF
- ●中古のノートパソコン販売事業者の場合 ➡ 目的のショップがひと目でわかる秋葉原マップPDF

図8-17 お役立ちPDF資料ダウンロードのバナー

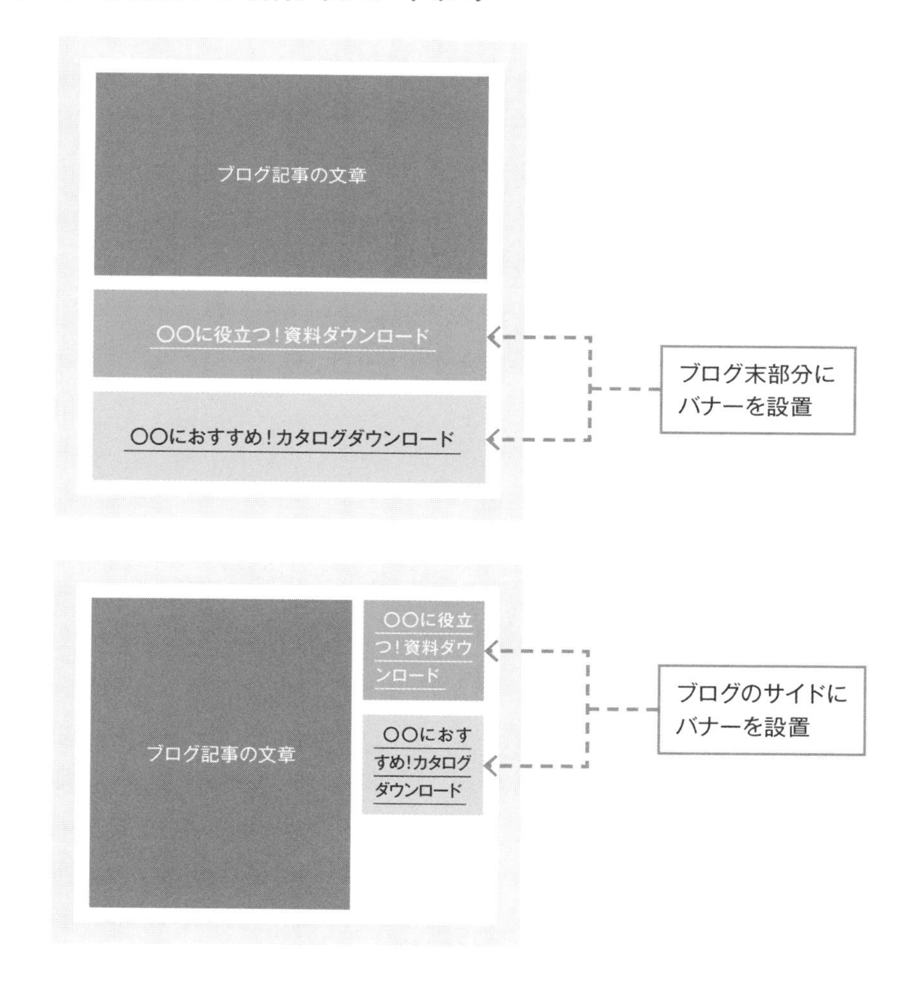

ユーザーがお役立ちPDF資料をダウンロードする際にメールアドレスと名前を取得し、そのアドレスを使って、たとえばメルマガの会員登録をすすめます。厳密にいえば初回購

入とはいえませんが、ECサイトの準会員になってもらうことと考えれば当てはまらないことはありませんし、またお役立ちPDF資料のカタログから初回購入に結びつくことも多々あります。

8-6 マルチドメインでさらに売上を伸ばす

もしブログによるSEO対策で月間10万PV以上のアクセス数をたたき出し、ECサイトの売上も順調に推移したとしても、それで終わりではありません。さらに売上を高めるための方法があります。**図8-18**を見てください。

図8-18　同じグループ会社が所有する複数のドメインが上位表示されている

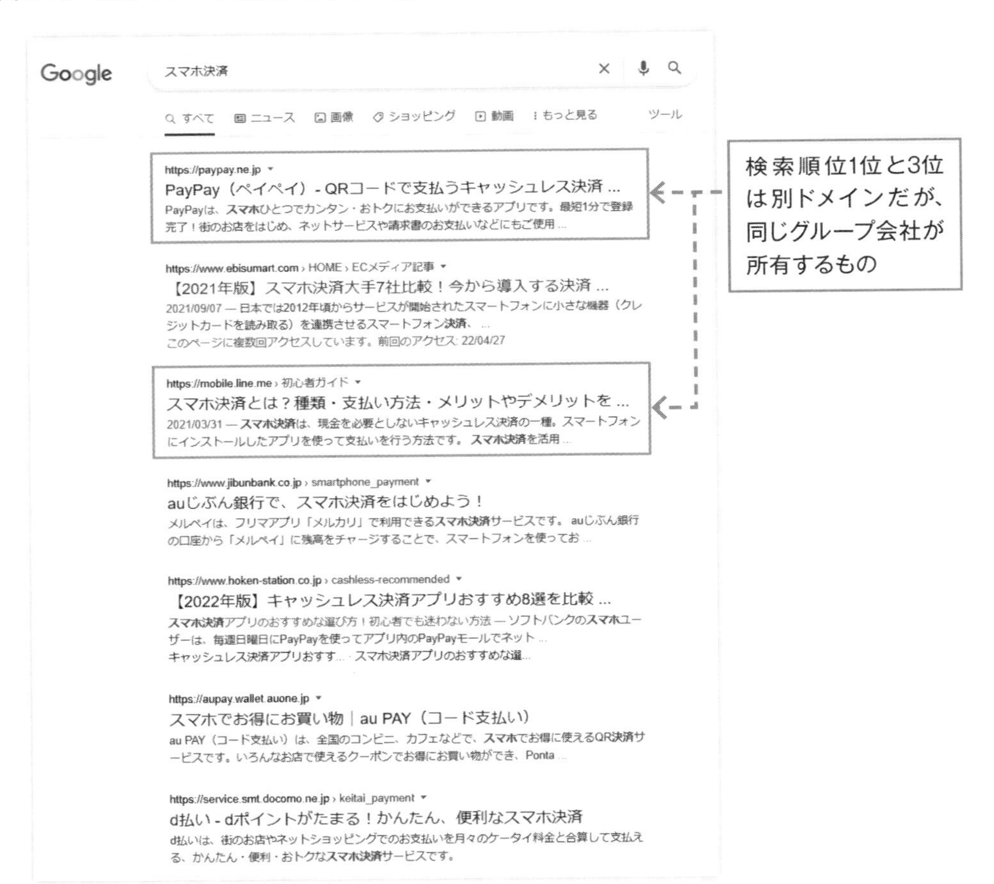

図8-18は「スマホ決済」と検索したときの検索結果ですが、2つのドメインが検索順位1位と3位を占めています。このドメインは同じグループ会社が運営するものです。これをECサイトに置き換えて考えると、ECサイトのドメインでブログSEOを実施し狙ったキーワードで十分に検索順位を獲得し終わったあと、ほかのドメインで、さらにSEO対策を行うことです。これをマルチドメイン施策といいます。

すでにECサイトのドメインでSEOに成功しているなら実施する価値はあります。また、ECサイト以外にもコーポレートサイトがあったり、あるいはECサイトを複数所有しているのなら、そのドメインでブログSEOを実行すれば強力な施策となります。

もし新規にドメインを作るなら、ECサイトのサブドメインを利用すべきでしょう。サブドメインは、すでに取得しているドメインの前に「.」と名前をつけてドメインを別に立てることです（**図8-19**）。

図8-19　ドメインとサブドメインの例

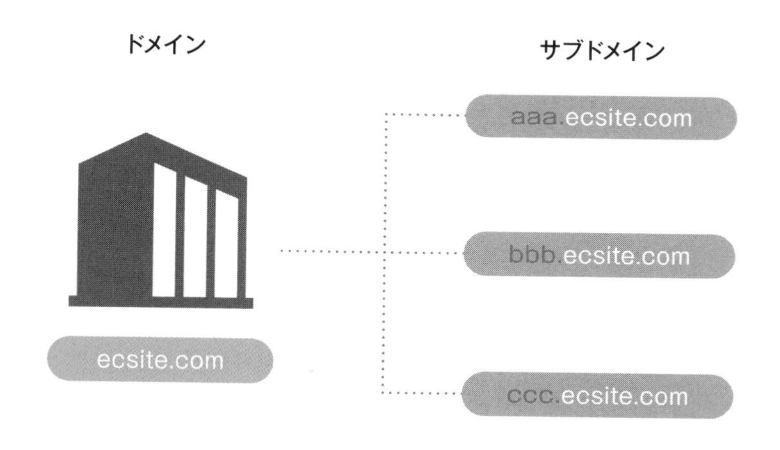

たとえば、サブドメインではブログメディアという形をとり、パンを販売するECサイトなら、パンを美味しく食べるコツやパンの焼き方などを紹介するお役立ちブログを立ち上げることなどが考えられます。ECサイトのドメインと、ブログメディアのサブドメインの2つでECサイトの売上を高めていきます。

マルチドメイン施策は、新規のドメインやサブドメイン以外でも行う方法があります。それは、ほかのブログプラットフォームを使って記事を書く方法です。

noteならSEOに強い

有名なブログプラットフォームの1つが「note」（https://note.com/）です。クリエイターが文章や画像、音声、動画などを投稿して、ユーザーが好きなクリエイターを応援できるブログプラットフォームで、誰でも無料で利用できます。**noteはメジャーなブログプラットフォームの1つで、ドメインはSEOに非常に強い**ので、質の高い記事を投稿できれば短期間で検索結果上位を獲得することも可能です。noteを使って集客で大きな成果を挙げているEC事業者も存在します。

デメリットは、狙ったキーワードが、ほかのクリエイターがすでに検索結果上位の場合は対策が難しくなることと、既成のブログメディアのためnoteが定めたルールやデザインの縛りを受けることです。

記事投稿できるブログプラットフォームは、もちろんnote以外にもいくつもあります。取り扱っている商品によっては、その業界に特化したブログプラットフォームもあるかもしれません。マルチドメイン施策を実施する場合は、noteを筆頭に利用できるブログプラットフォームを検討してみるとよいでしょう。

ブログプラットフォームを検討する場合は、投稿したブログ記事を削除できるかどうかを事前に確認してください。 質の高い記事が書けたとしても、ドメインの力が弱かったり、記事とドメインの相性が悪く検索順位があまり上がらないケースもあります。そのような場合はブログ記事を回収して、数カ月時間を置いて、ほかのドメインでコンテンツを公開すべきなのですが、もしブログ記事を削除できないままほかのドメインでコンテンツを公開するとGoogleからはコピーコンテンツとみなされてしまいます。コピーコンテンツとみなされてしまうと、当然SEOの評価は高まりません。

あとがきに代えて

最後に、SEOに関する情報収集と、ECサイトにおけるSEOの取り組みについて確認して本書の締めとさせていただきます。

SEOは人任せにするべきではなく、SEOの最新情報は自分で集められるようにすべきです。日ごろからその習慣をつけていれば、SEO業者や代理店の怪しい情報を鵜呑みすることなく、正しい方向性でSEO施策を行うことができます。

いまはTwitterやYouTubeで情報が惜しみなく公開されています。筆者が持っているSEOのノウハウやGoogleのアルゴリズムの情報などは、一部の関係者だけが持っているようなものではなく、インターネットで広く公開されているものです。ただし、インターネットは情報が多すぎて、どのサイトや人を信用していいのかわからない面があると思います。ここでは筆者が情報を仕入れている3者を紹介します。

■鈴木謙一氏の「海外SEO情報ブログ」

➡ **https://www.suzukikenichi.com/blog/**

日本のSEO関係者の全員が見ているといっても過言ではないSEOブログです。SEOが最も進んでいるアメリカの事例を中心に最新のSEO情報を紹介してくれています。

■辻正浩氏のTwitterアカウント

➡ **https://twitter.com/tsuj**

日本のSEOの第一人者とも呼ばれる方のアカウントです。最新のSEO情報はもとより、多くの会社のSEO事例がツイートされています。

■平大志朗氏のTwitterアカウント

➡ **https://twitter.com/taira_daishiro**

独自のデータ分析からGoogleのアルゴリズムの傾向やSEOのテクニックを解説しており、SEO担当者がフォローすべきアカウントです。

筆者もYouTubeチャンネルで、主にSEOのためのブログライティングについて解説しています。

▶ブログSEO対策チャンネル
https://www.youtube.com/c/forUSERS

本書では、ECサイトで行うSEO対策として、ユーザーレビュー、商品ページ、ブログ記事などの手法を説明してきましたが、どのようなコンテンツであったとしてもSEOで最も重要なことは、インターネット上に新しい価値を創出することです。**新しい価値とは、「いままで誰も言及してこなかった、人々の生活の質を高める情報」のこと**です。

SEOというと、Googleを利用するためのテクニックやコツばかりに終始して、肝心のコンテンツを読むユーザーのことが忘れられがちです。相手が見えないために、ユーザーを1人の人間というよりはたった1セッションのデータと考えてしまうことがないでしょうか。

しかし、ユーザーは、あなたと同じで、よいコンテンツと悪いコンテンツ、役立つコンテンツと役に立たないコンテンツを見抜く目を持っています。ですから、テクニックよりも、ユーザーと向き合ってユーザーの生活の質を高めることに集中してコンテンツを磨き上げるべきです。

そのためには、自分自身がECサイトの商品を使い、その実体験を商品ページやブログ記事に反映させる、あるいはライバルサイトや大手EC事業者の商品を購入して、ユーザーがどのような気持ちで商品を選んでいるのか、ユーザーは商品購入後どのようなことを考えているのか、あなた自身がユーザー目線で考えてみる習慣を身につけることです。そのような実体験に基づくコンテンツこそが、ユーザーが求めている最高のコンテンツとなります。実体験に基づく情報には価値があり、Googleは値打ちのある情報と認識して検索エンジンで露出してくれるようになります。

そしてもう1つ、ECサイトならではのSEOのキモは、ユーザーに「疑似体験」させることを強く意識することです。ユーザーが実店舗のように商品を手にとって確認できない以上、ECサイトでは商品を理解してもらうために多くの写真を掲載し、ときには動画を設置することで、実店舗でスタッフから接客を受けているかのような疑似体験をさせることができるコンテンツが必要となります。また、有益なユーザーレビューを多く集めることで情報が立体性を持ち、商品ページが疑似体験を生むようになります。商品ページを訪れるユーザーが増え始めると、Googleはあなたの会社のECサイトの検索順位を高めてくれるようになります。Googleは、ユーザー行動の結果でサイトを評価したり、コンテンツの中身を人間のように理解することができるようになりつつあるからです。

ECサイトでは、ユーザーのために真摯にコンテンツ作成を行うだけでもSEOを成功に結びつけることができます。あなたは「ユーザーの生活の質を高める」ことだけに集中すればよいのです。

もっとも、SEOの考え方は理解できたとしても、経験のない人にとって実践することはカンタンではありません。しかし作成したコンテンツが一度でも検索結果上位になると、あとは面白いように上位を獲得できるようになります。ぜひ本書をきっかけにして、あなたの会社のECサイトのSEOを成功させてください。

最後に、筆者にブログライティングの基本から応用までを教えていただいた株式会社ルーシー（バズ部）、Webサイトにおけるユーザー視点の重要性を教えていただいた株式会社ビービット、そしてECサイトの知識や経験を得るに至った株式会社インターファクトリーの3社に感謝を申し上げて、この本の終わりとします。

2022年6月
井幡 貴司

Index

英数字

あ行

か行

さ行

た行

な行

は行

ま行

や行

ら行

著者紹介

井幡 貴司（いばた・たかし）

立正大学経営学部を卒業、数社経験したあと2010年に英会話スクール大手のベルリッツ・ジャパン株式会社のWebマーケティング担当に就任し、新規事業部のECサイト立ち上げを兼任する。2015年にECサイトプラットフォーム事業者の株式会社インターファクトリーにWebマーケティング責任者として入社。その後、独立し2019年にforUSERS株式会社を設立。
300人以上のユーザー行動調査を実施してきた経験から、独立前・独立後と一貫してユーザー至上主義によるSEO対策を実践。ユーザー心理に基づくライティング手法により月間100万PVのアクセス数を集めるブログメディアを構築。自らもブログメディアを立ち上げ、数多くのSEOキーワードで検索順位1位を獲得する。Googleのアルゴリズムを意識しない、ユーザーファーストのSEOコンサルティングやセミナーを実施するほかYouTubeチャンネルでも情報発信を行っている。

10万PVを生む ECサイトのSEO
中小事業者がお金をかけずにできる集客のための施策

2022年 7月22日 初版 第1刷発行

著　者　井幡 貴司
発行者　片岡 巌
発行所　株式会社技術評論社
東京都新宿区市谷左内町21-13
電話　03-3513-6150　販売促進部
03-3513-6166　書籍編集部
印刷／製本　昭和情報プロセス株式会社

定価はカバーに表示してあります。

ISBN978-4-297-12920-0 C3055
Printed in Japan

カバーデザイン……Re:D Co.
カバー写真……Adobe Stock
本文デザイン+レイアウト……矢野のり子＋島津デザイン事務所

お問い合わせについて

本書は情報の提供のみを目的としています。本書の運用は、お客様ご自身の責任と判断によって行ってください。本書に記載されているサービスやソフトウェアの実行などによって万一損害等が発生した場合でも、筆者および技術評論社は一切の責任を負いかねます。また、本書の内容は執筆時点における情報であり、予告なく内容が変更されることがあります。
本書の内容に関するご質問は弊社ウェブサイトの質問用フォームからお送りください。そのほか封書もしくはFAXでもお受けしております。
本書の内容を超えるものや個別のコンサルティングに類するご質問にはお答えすることができません。あらかじめご承知おきください。

〒162-0846
東京都新宿区市谷左内町21-13
（株）技術評論社　書籍編集部
『10万PVを生む ECサイトのSEO』
質問係

FAX　03-3513-6183
質問用フォーム
https://gihyo.jp/book/2022/978-4-297-12920-0

なお、訂正情報や追加情報が確認された場合には、https://gihyo.jp/book/2022/978-4-297-12920-0/supportに掲載します。